机械类国家级实验教学示范中心系列规划教材

机械工程综合实验教程

主　编　郭　盛

副主编　蔡永林

科学出版社

北京

内 容 简 介

本书是为适应高层次创新人才培养的需要，按照教育部高等教育教学改革工程的要求，在教学实践和改革的基础上撰写而成的。

书中系统地介绍了机械工程的基本实验技术，每一章均对实验目的、实验内容和实验步骤做了比较系统的论述，对实验中常用仪器的原理、构造、操作规程做了较详细的介绍，各实验均附有思考题。按照体现教学主线、强调实验设计能力、重视实验方法研究的原则，力求将机械工程的专业课程与实验课程有机结合，同时加入机器人等现代机械设计内容，突出具有创新意义和拓展研究性质的实验内容，为机械工程专业的教师和学生提供实验指导。

本书可作为高等工科院校机械类及近机类各专业的实验综合教材，也可作为成人高等工科院校师生及有关工程技术人员的参考书。

图书在版编目(CIP)数据

机械工程综合实验教程/郭盛主编. —北京：科学出版社，2016.6
机械类国家级实验教学示范中心系列规划教材
ISBN 978-7-03-048341-6

Ⅰ. ①机⋯　Ⅱ. ①郭⋯　Ⅲ. ①机械工程-教材　Ⅳ. ①TH

中国版本图书馆 CIP 数据核字（2016）第 111629 号

责任编辑：毛　莹　张丽花 / 责任校对：桂伟利
责任印制：徐晓晨 / 封面设计：迷底书装

科 学 出 版 社 出版
北京东黄城根北街 16 号
邮政编码：100717
http://www.sciencep.com

北京建宏印刷有限公司 印刷
科学出版社发行　各地新华书店经销

*

2016 年 6 月第 一 版　开本：787×1092　1/16
2017 年 1 月第二次印刷　印张：9
字数：220 000

定价：38.00 元
（如有印装质量问题，我社负责调换）

前　　言

　　机械工程教育的目标是培养复合型高级机械工程技术人才，使学生具备较高的工程素质，全面掌握相关的工程基础知识，具备较强的工程实践能力、创新能力和工程管理能力，实践性教学是最有效的途径。教学实验作为实践性教学的一部分，通过教学实验环节的训练将有助于未来的机械工程师获取前人的知识和经验，并且有助于创新和创造，对于机械工程专业学生的培养具有重要的意义。

　　本书是在收集了国内有关院校大量资料的基础上，结合北京交通大学机械工程专业实验教学的经验和改革成果编写而成的。按照教育部高等教育教学要求，在本书的编写过程中，力求框架结构、章节层次安排合理，重点、难点处理得当。此外，在处理好与理论课关系的前提下，建立了独立的实验教学体系，并大多自成章节，同时加大了设计性、综合性和创新性实验的比例。书中对实验原理和实验步骤做了比较系统的论述，对实验中常用的仪器，尤其是新型仪器设备的原理、构造、操作规程有较详细的介绍。

　　本书由郭盛担任主编，蔡永林担任副主编。各章编写分工如下：第 1 章由郭盛编写，第 2 章由李卫京编写，第 3 章由蔡永林编写，第 4 章由张欣欣编写，第 5、6 章由焦风川编写，第 7 章由张冬泉编写，第 8 章由徐双满和张秀丽编写。

　　由于编者水平有限，书中不足之处在所难免，敬请读者批评指正。

编　者

2016 年 2 月

目　　录

第1章 绪 论

机械工程专业的培养目标可以描述为："培养满足现代制造业发展需要，具备健全人格，掌握坚实的数学、外语、物理与计算机应用基础知识，具有机械设计制造及自动化的专门知识与技能、工程实践能力和可持续发展潜力，能够在科研部门、研究院所和企业等从事机械工程及自动化领域的工程设计、机械制造、技术开发、科学研究、生产组织和管理的复合型工程技术人才。"

上述培养目标达成的重要表现即使学生在毕业时具备"掌握工程基础知识和本专业的基本理论知识，具有系统的工程实践学习经历；了解本专业的前沿发展现状和趋势；具备设计和实施工程实验的能力，并能够对实验结果进行分析；掌握基本的创新方法，具有追求创新的态度和意识；具有综合运用理论和技术手段设计系统和过程的能力，设计过程中能够综合考虑经济、环境、法律、安全、健康、伦理等制约因素"等能力。

实现上述培养目标的重要达成手段和教学环节即实践教学。实验教学作为实践教学的重要组成部分，对于学习和验证专业理论知识、培养实践和创新能力、提高机械工程专业学生的能力和素质具有重要作用。

与上述培养目标相对应的是一个系列完整、包含机械工程专业主要知识环节的现代实验平台以及指导教材。但是目前，在高校人才培养工作中，实践教学和实验教学环节较为薄弱，严重制约了机械工程专业教学质量的提高和培养目标的达成。鉴于此，北京交通大学机电学院机械工程专业在原有实验教学的基础上，结合实践教学改革的成果，同时收集和借鉴国内兄弟院校的先进经验编写了本书。

本书结合机械工程专业认证的要求进行编写，按照体现教学主线、强调实验设计能力、重视实验方法研究的原则，力求将机械工程的专业课程与实验课程有机结合，同时加入机器人等现代机械设计内容，突出具有创新意义和拓展研究性质的实验内容，为机械工程专业的教师和学生提供实验指导。

1.1 现代机械工程实验的目的与意义

人类在自身的发展过程中不断地感知、认知世界，为了探索和揭示事物变化的客观运动规律，人们采取的有效方法，除理论分析外，就是实验(试验)。在现代工程设计与制造领域，实验和测试是保证产品质量的重要手段，掌握工程实验和测试的方法是工程技术人员必备的素质。

机械工程是研究、设计、制造、使用、管理各类机械设备与装置的工程科学。所对应的工程实验主要是指针对机械工程学科领域内相关环节，人们利用科学仪器和设备等物质手段作用于研究对象，在纯化、简化、强化或模拟各种条件的情况下考察研究对象的实践方式和研究方法。

实验的基本要素为实验目标、输入条件、研究对象、状态信息和信息处理。

实验目标：对实验结果设定一个期望值或通过实验达到的目的，解决为什么要开展实验的问题。

输入条件：实验的初始条件，设定实验环境。

研究对象：被测物体或实验研究对象。

状态信息：实验中被测对象的运动状态和能量变化信息，通过各种传感器获得。

信息处理：利用相关技术，将获得的状态信息进行处理，以便得到实验结果。

实验在机械工程技术研究中占有十分重要的地位。以机械产品为例，在产品方案设计、产品制造、成品鉴定等各个环节，技术人员都要进行相关的结构模拟实验、零部件及整机性能实验，甚至当产品投入市场还要跟踪调查，将损坏零件进行分析测量，以便改进产品。

通过实验可以达到对理论分析的补充和验证的目的。随着信息化和自动化程度的提高，现代机械工程设计更加依赖先进的设计方法和计算机虚拟技术。一个产品是否达到设计要求，需要通过实验和测试来验证。

通过实验可以达到为技术设计和研制提供数据资料和经验公式的目的。在传统的机械设计中，常常采用一些实验公式和经验公式(或表)；具有先进水平的产品不仅取决于先进的设计和制造，而且要具备先进的试验手段。因为仅仅依靠理论和资料进行设计与制造，不能准确提供产品的疲劳寿命和可靠性指标。因此，设计人员为摸清产品零部件的受力情况，需要进行一系列的电测应力实验和模拟工况实验，以达到设计要求。从某种程度上讲实验是工程设计的关键。

实验是检验技术成果的手段。现代机械产品往往凝聚多重技术成果，包括新技术、新材料、新工艺等。那么，其中的每一个环节就可能有潜在的缺陷。我们需要通过实验和测试找到这些缺陷，用科学的实验数据来论证产品的性能指标，直至实验结果达到设计标准才开始批量生产投放市场。

在现代机械工程设计和制造过程中，更加依赖实验环节。不论是虚拟实验还是真实实验，都可以帮助人们认识事物的本质。人们通过简化和纯化实验条件，借助仪器设备所制造的特殊条件，排除复杂因素中的次要干扰因素，找出主要因素，以便更容易地、精确地认识研究对象。同样人们通过强化对研究对象的作用条件，以期获得常规状态下难以得到的结果，以便更充分地认识产品的性能和规律。

综上所述，实验在机械工程领域具有十分重要的作用和意义。先进的实验技术和实验手段是衡量工程研究能力的标志，也是产品质量的重要保证。

不难理解，机械工程教育更加离不开实验环节。机械工程教育的目标是培养复合型高级机械工程技术人才，他们除了要具备思想政治素质、科学素质、文化素质和心理素质，还要具备较高的工程素质。工程素质(现代化工程意识、基础工程意识、实践能力、创新能力、经营管理能力)的培养目标是：树立现代工程观念，全面掌握相关的工程基础知识，具备较强的工程实践能力、创新能力和工程管理能力。

要做到强化工程素质培养，实践性教学是最有效的途径。教学实验作为实践性教学的一部分，它不仅承袭了一般工程实验的性质，而且承担着对未来工程师综合工程能力的培养和训练。通过教学实验环节的训练将有助于未来的机械工程师更快地获取前人的知识和经验，并且有助于创新和创造，对于机械工程专业学生的培养具有重要的意义。

现代机械工程实验系统组成如图 1-1 所示。

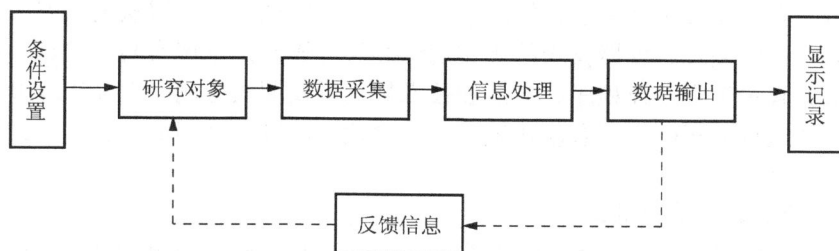

图 1-1 现代机械工程实验系统组成

1.2 现代机械工程实践教学体系及内容

高等机械工程教育是以提高学生机械工程综合设计能力和实践能力为中心而进行的。机械工程学科本身就是具有极强实践性的学科。对从事工程技术的人员来讲，工程本身就是实践，对学校来讲工程教育就是为实践做准备。检验工程教育效果的标准就是学生是否具备工程应用的实践能力。基于这一目标，在加强基础理论教学的同时，更要强化实践教学体系的建设，尊重实验教学的规律，使实验教学环节与理论教学环节的关系从附属关系变为并行关系，突出工程实践教学环节的重要地位。

机械工程实践教学应该包括实验教学、实习教学、综合设计实践教学、其他实践教学四大模块和三个层次，如图 1-2 所示。通过四大模块的教学环节的实施，使学生得到以下方面的训练。

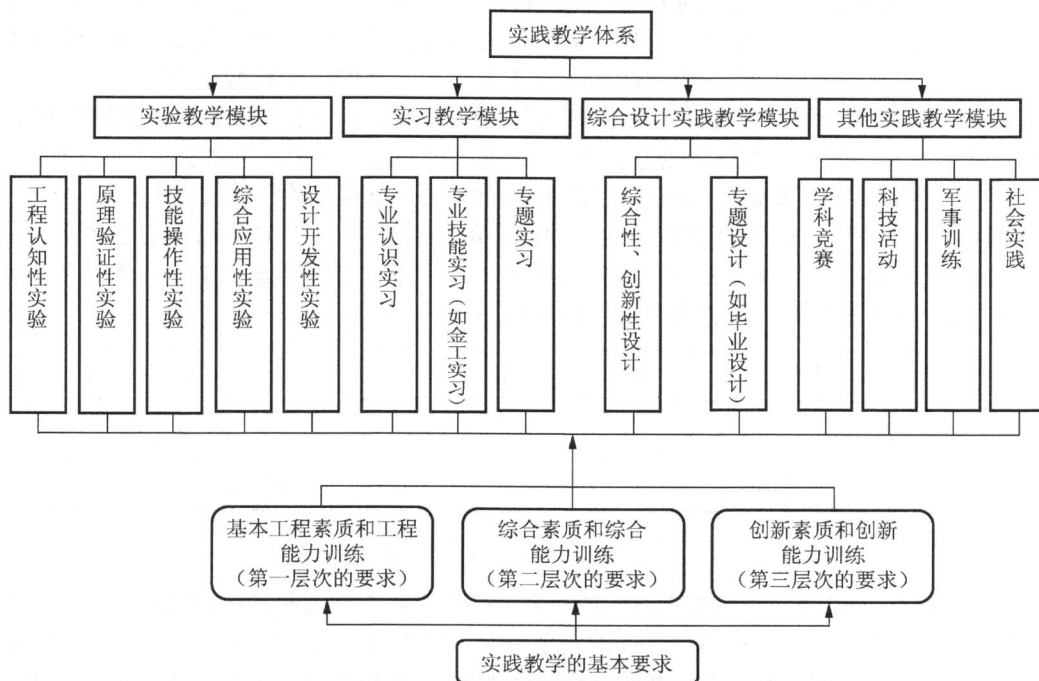

图 1-2 实践教学体系基本框架

1. 基本工程素质和工程能力训练

包括科学实验、观察能力、获取新知识和信息、外语和计算机基础的训练，主要通过实验、认识实习、有关课程设计和上机等教学实践活动来实现。第一层次的实践教学基本要求为：应掌握有关实验装置、仪器仪表的操作规程并学会操作；掌握实验、测试、数据分析等研究技能；掌握有关工程设计程序、方法和技术规范以及图表绘制；建立工程概念、提高工程实践能力；能通过调查研究、参观访谈、文献检索等获取可利用的资料信息；熟练掌握一门外语和计算机语言。

2. 综合素质和综合能力训练

主要通过生产实习、社会实践、有关课程设计、毕业设计、设计性和综合性实验来实现。第二层次的实践教学基本要求是：培养学生严谨、求实、刻苦和敬业的精神；能综合应用所学基础理论知识和专业知识，解决一般工程技术问题；通过工程实践，完成工程师的基本训练，熟悉有关规程、手册和工具书，为今后独立工作打下基础；具有撰写调查报告、文件、技术总结、论文的能力，进行设计、施工、组织管理和方案的技术经济论证、分析、比较，初步具有独立的综合决策力；能运用一门外语阅读、翻译本专业外文资料；能独立操作使用常用计算机软件，具备一定的开发能力。

3. 创新素质培养和创新能力训练

主要通过综合性设计训练、设计性和综合性实验、学科竞赛和科技活动来实现。第三层次的实践教学基本要求是：根据学生的能力、个性和爱好，安排、设计和提供富有创造性、综合性的实践活动，使学生熟悉和了解创造性活动的一般方法和程序，培养和激发学生的创新思维和创新精神，创造性地掌握和运用所学的专业知识来解决新问题的能力或提出新设想。

如图 1-2 所示，第一层和第二层要求是基础，是实践教学必须确保的，第三层的实现具有一定的难度。根据这三个层次的要求，需要对各个模块的设置及内容做精心的设计和安排，建立一个优化整合的实践教学体系，明确各环节在这个体系中处于什么位置，每一环节均要从不同角度、不同方面体现这三个层次的教学要求，据此来安排实践教学内容。

机械工程实验教学贯彻以设计、制造为主线，通过四年的正规实验教学，使学生的基础工程综合能力得以提高。基础工程综合能力主要指：①基本实验操作能力；②动手能力；③创新意识和创新能力；④综合应用知识分析问题和解决问题的能力；⑤初步的科学实验研究能力。

专业培养计划要明确强调对学生的各种能力的培养需贯穿于大学四年的各个教学环节中，是不可分割的，但具体实施时考虑到能力的培养应遵守循序渐进的原则，每个阶段重点培养的能力侧重面是不同的，阶段能力培养目标如图 1-3 所示。

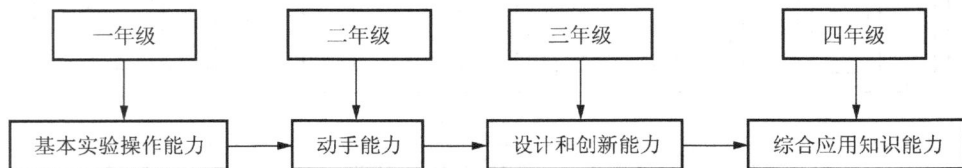

图 1-3　阶段能力培养目标

大学一年级、二年级阶段的实验教学侧重基本实验操作能力和动手能力的培养，主要依赖大学基础课程的实验环节和通识课程的实践环节，如物理实验、化学实验、电工电子实验、金工实习、专业认识实践等环节。机械工程专业实验教学侧重设计能力、创新能力以及综合应用知识能力的培养，主要依赖专业技术基础课程、专业课程、专业扩展课程、专业特色课程的实验教学环节。

基于对机械工程专业实践教学体系的设计，现代机械工程实验教程的内容主要由以下三个部分组成。

1)机械基础实验

介绍机械工程材料与制造技术基础知识,包括材料成形技术基础实验、机械制造技术实验、技术测量及误差统计与分析实验等内容(第 2 章,李卫京编写);机械工程测试技术实验,包括压力传感器静态标定实验、扭矩检测系统设计实验、转速、温度及功率检测综合实验等内容(第 4 章,张欣欣编写)。

重点学习内容:掌握有关机械工程的基本实验方法和数据处理方法,学会对显微镜、传感器等实验仪器的操作。

2)现代制造技术实验

现代制造技术实验,包括数控机床常用夹具、刀具实验,数控加工切削用量选取实验,计算机辅助工艺设计编制实验,计算机辅助数控编程实验等内容(第 3 章,蔡永林编写);制造装备及其自动化技术实验,包括工业机器人编程控制实验、PLC 编程控制实验、柔性制造系统综合实验等内容(第 7 章,张冬泉编写)。

重点学习内容:掌握数控机床的基本操作、数控编程方法、CAD/CAM 以及 FMS 的综合应用。

3)机械系统控制实验

介绍流体传动及控制实验(第 5 章,焦风川编写)、机电一体化系统实验(第 6 章,焦风川编写)、机器人运动与控制实验(第 8 章,张秀丽、徐双满编写)。

重点学习内容:掌握自动控制技术基本原理,以机器人和 AS-100 教学实验系统为典型研究对象,进行机电一体化技术的应用与实践。

以上三部分实验内容体现了机械工程三大核心技术内容,即工程设计、加工制造、机电一体化技术。总体而言,通过现代机械工程实验教程的学习,学生应具备机械工程师的机械工程应用的实践能力,同时具备应用实验平台验证理论知识及进行机械工程创新设计能力。

1.3　现代机械工程实验教学的方法和要求

机械工程实验教学侧重工程教育,内容的设计要注重学生综合能力的培养,这一目标的实现要依赖实验教学的实施方法。实验教学方法根据实验类型和目的的不同,采用相应的教学方法,见表 1-1。

表 1-1　实验类型与教学方法

实验类型	实验目的	实验方法和要求
工程认知性实验	了解和认识实验内容,增强感性认识	以教师讲授为主,教师做示教性演示,学生以参观和视听为主
原理验证性实验	特定条件下验证特定的理论和现象,加深对实验的工作原理的理解	有固定(规范)的实验步骤,教师具体讲解和指导实验内容;要求学生预习指导书,按步骤做实验,并得到正确的结果,要求学生掌握实验仪器的使用
设计开发性实验	利用实验资源,围绕一定的研究主题,学习独立设计实验方案,进行实验研究;鼓励创造和探索	有一定的实验目的和要求,学生根据实验资源的情况提出实验方案和方法;独立完成实验过程并分析实验结果,提交实验设计报告
综合应用性实验	学习多重知识的融合应用,掌握不同技术在实验中的作用,培养工程综合能力	教师明确提出实验目的,学生要利用多重知识设计实验方案,实验方案具有多个实验环节或多个人参与,综合实验结果,进行结果分析

实验教学具备探索性和拓展性，因此在实验教学过程中提倡师生双向能力提升并重的实验教学模式和教学要求。教学过程中的能力提升具有双向性，即教师实验教学能力的提升和学生通过实验教学获取知识、应用知识能力的提升。

对于教师来说，能力提升的主要内涵包括：实验教学过程能力的提升，实验教学内容及专业知识水平的提升两部分。其目标是能够通过高水平的专业知识准备，设计符合教学特点的科学教学模式，取得传授知识和传导能力两个方面的成功。对于学生来说，能力提升的主要内涵包括：自主精神、合作意识、责任感和信息收集能力、沟通能力、批判能力等方面的内在能力的提升，以及专业知识的系统理解、掌握、应用乃至创造能力的提升。其目标是通过能力的提升，具备发现问题、自主学习并且解决问题的素质和能力，成为专业合格人才。为达到上述的能力提升目标，结合教学实践和前期研究成果，针对本书所涉及的机械工程专业实验内容，提出下述两类基于能力提升的实验教学模式。

1. 反溯式主动学习能力提升的实验教学模式设计

机械工程实验所涉及的知识体系中各部分具有相对独立性，例如，有关材料、制造、液压、机电控制等内容具有明显的独立特点，教学过程存在条块分割的问题。教学经验告诉我们，学生在学习新的独立内容的同时，将很快忘记原有的内容。在以往教学中，这一问题，将通过严格按照实验手册完成实验内容的教学模式进行解决，但是，对于学生能力的提升不会发生实质性效果。

合理设计具有研究性质和综合性质的实验，使学生在学习过程中始终感受到知识体系，感知到随着学习进程的推进，所掌握的机械元素不断增加，解决机械工程问题的手段随之增多，且各类机械实验的构成、特点、分析方法、应用场合等在整体体系内有所区分，在学习后一阶段的内容时，通过研究性教学手段和教学模式的设计，促使学生自觉追溯前一阶段的学习，与新讲授的机构及相关知识进行比较性自主学习，有效破除机械工程专业教学中存在的部分内容分割，克服学生在应用机械知识解决实际问题时缺乏整体解决能力的困难。

2. 激发式创造能力提升教学模式设计

机械工程专业教学内容繁多，课程体系庞大，任何一个课程的内容，一旦涉及真实的工程问题，必然会延伸出新的内容，甚至是目前科学研究的前沿内容。在解决和完成实验内容的同时，必须追溯和综合所学的机械工程专业理论，结合现代实验手段，进行深入研究和解决，不仅使学生的能力得以提升，也使教师的能力有很大程度的提升，达到教学相长的效果。同时提升实验教师的理论水平和科研水平。

上述效果的产生，需要在实验教学过程中精心设计出一种可以激发学生进行创造能力提升的实验教学模式。在实验教学过程中，通过细致的示例，以及研究相关的参考文献，使学生感受到，目前的学习不仅仅是在完成实验，而且也有创造和创新，距离一流的研究不是那么遥不可及，激发学生深度学习的热情，提高探索欲望与创造能力。并且有方向性地付出时间和精力，在学习过程中感受科学研究的乐趣。这对于少数具有天赋且对机械工程问题怀有极大兴趣的优秀学生具有重要意义。而上述教学效果的产生，必然要求实验教师和指导教师具有相应的理论知识，熟悉机械工程前沿研究内容，且具备较强的科研能力和动手能力，这样才能够实质性地指导学生解决问题和完成具有创新意义的实验。这也必然使得实验教师自发提高科研水平，实现师生能力双向提升的目标，从而达成机械工程专业的培养目标。

第2章 材料成形及技术测量基础实验

本章共三部分，第一部分是材料成形技术基础实验；第二部分是技术测量及误差统计与分析实验；第三部分是技术测量应用实验。材料成形技术是工业制造的基础，材料成形的质量对后续零件的机加工质量产生重要影响。因此，通过材料成形技术的相关实验，使学生加深有关材料成形基本理论的理解，初步掌握铸造性能、锻造组织分析、焊接组织分析等材料成形基本知识。零件机械加工选用的毛坯来自于材料成形工艺，机械零件的尺寸及公差决定了零件是否合格。通过对机械加工零件的测量和误差分析，能够反向指导零件的机械加工精度及控制。通过本章实验，巩固和深化课堂理论知识，掌握选择毛坯、零件制造性能以及误差分析的能力，掌握常用的技术测量方法。

2.1 材料成形技术基础实验

2.1.1 铸造内应力的形成及测量分析实验

1. 实验目的
(1) 了解坩埚炉熔炼原理及工艺过程。
(2) 测试并计算应力框产生的铸造热应力。
(3) 分析应力框产生内应力的原因，以及应力对铸件质量的影响。

2. 实验设备和工具
(1) 坩埚电阻炉。
(2) 应力框模具。
(3) 潮模砂。
(4) 手工锯。
(5) 游标卡尺、卷尺。

3. 实验原理
根据 T 形杆冷却过程中形成"粗杆受拉、细杆受压"的原理，设计如图 2-1 所示的应力框。合金浇铸并冷却后，会在应力框的粗、细杆中形成大小和方向不同的应力。将粗杆锯断，使粗杆收缩受到的约束得到释放，应力框的尺寸会发生变化。测量中间应力杆的尺寸变化，根据胡克定律，便可计算出应力框中各应力杆的大小。应力框尺寸如图 2-1 所示，采用潮模砂造型，在电阻坩埚炉中熔炼 ZL101 合金，浇铸应力框。

4. 实验步骤及方法
(1) 手工造型应力框铸型，应力框铸型如图 2-1 所示。
(2) 估算应力框需要的重量，称取适量(约 3kg)ZL101 铝合金，将表面污物清理干净，置于坩埚电阻炉中升温至 800℃熔化，熔炼并除渣。
(3) 测温达到浇铸温度 720℃后，进行应力框的浇铸。注意浇铸平缓，防止包裹气体及防止冲击浇道。

（4）冷却，清理应力框铸型黏砂。

（5）将中间的粗杆打两点标志 A 和 B，测量两点距离 L_0，然后将中间杆锯断，再测量两点的距离 L_1。

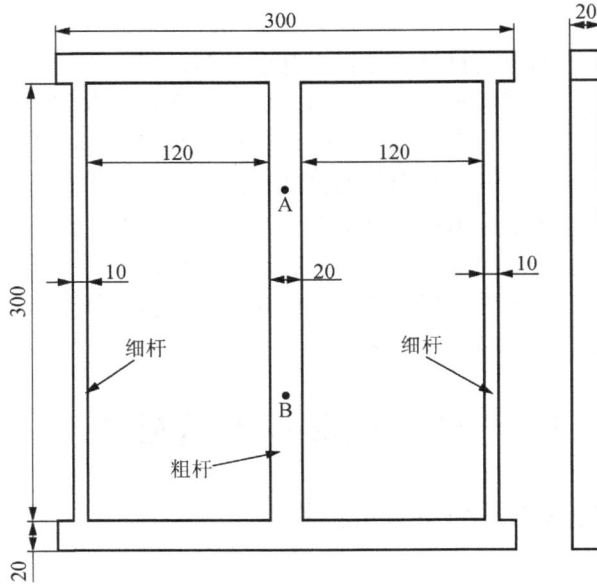

图 2-1　应力框铸型

（6）根据测量结果，计算杆中的铸造应力。

$$\sigma=E\varepsilon=E(L_1-L_0)/L \quad (\text{N/mm}^2) \tag{2-1}$$

式中，E 为弹性模量，ZL101 的弹性模量为 72.4×10^3 N/mm^2；L 为中间杆的长度，mm；ε 为 ZL101 的应变；L_0 为初始时刻粗杆上两标志点的距离；L_1 为中间杆锯断后粗杆上两标志点的距离。

5. 实验报告

（1）简述坩埚炉熔炼原理以及熔炼铝合金过程中容易出现的质量问题。

（2）画出应力框图，标出细杆和粗杆中存在的铸造应力性质（拉应力为+，压应力为-）。

（3）测量并计算铸造应力。

（4）测量结果：L_0、L_1、L；计算结果：σ。

（5）分析应力框产生的原因和铸造应力对铸件质量的影响。

2.1.2　合金的流动性实验

1. 实验目的

（1）了解流动性的概念。

（2）熟悉液态合金的测温方法。

（3）了解合金的化学成分和浇铸温度对金属液态充型能力和流动性的影响。

（4）熟悉采用螺旋形试样测定铸造金属液的流动性并评定其充型能力。

2. 实验设备和工具

（1）坩埚电阻炉。

(2)螺旋形试样模样(图 2-2)。

(3)热电偶测温仪。

(4)潮模砂。

(5)造型工具。

(6)浇铸工具。

(7)游标卡尺、卷尺。

3．实验原理

充型能力是指金属液充满型腔并获得轮廓清晰、形状准确的铸件的能力。充型能力主要取决于液态金属的流动性，同时又受到相关因素的影响。金属液的流动性是金属液本身的流动能力，用规定铸造工艺条件下流动性试样的长度来衡量。流动性与金属的成分、杂质含量及物理性能等有关。

采用如图 2-2 所示的螺旋形试样，根据不同浇铸温度下流动性不同的原理，在不同温度下浇铸螺旋形试样，测量螺旋形试样的长度，确定流动性并进行分析比较。ZLL-1500Ⅲ型螺旋线合金流动性试样如图 2-2 所示，采用砂型手工造型。

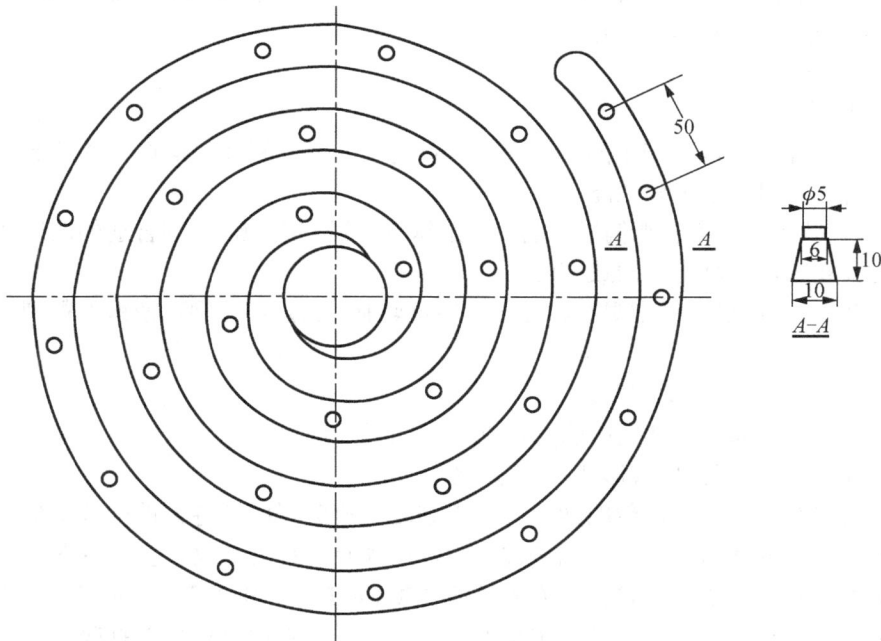

图 2-2　螺旋形试样模样

4．实验步骤及方法

(1)造型。手工造型制造流动性试样铸型(螺旋形试样，如图 2-2 所示)。

(2)合金熔化保温。在电阻坩埚炉中熔化 ZL101 合金。用热电偶测温仪测量合金温度，设定三组不同的温度，分别在 750℃、700℃、650℃下进行流动性试样的浇铸。

(3)开型、落砂。待试样冷却凝固后，即可开型并落砂。

(4)测定流动性。完全冷却后，分别测量不同浇铸温度下螺旋线试样的长度，判断流动性。

5．实验报告

(1)绘制浇铸温度及流动性曲线如下：

浇铸温度 $T/℃$	750	700	650
螺旋试样长度 L/mm			

(2)简述影响流动性的因素，重点分析浇铸温度对合金流动性的影响。

(3)分析讨论流动性对铸件质量的影响，以及提高合金流动性的方法措施。

2.1.3　金属锻造纤维组织观察实验

1．实验目的

(1)观察金属热变形后形成的纤维组织及其分布情况。

(2)分析纤维组织对金属力学性能的影响。

2．实验设备和工具

(1)实验材料为中碳钢。

(2)样品：道钉纵断面样品、盘形齿轮坯纵断面样品、弯曲类锻件纵切面样品。

(3)金相砂纸、硝酸酒精浸蚀液。

(4)金相抛光机。

3．实验原理

金属在再结晶温度以上产生的塑性变形，称为热变形，例如，锻造、热轧等。锻造及热轧工艺可改善原材料的组织和性能。

(1)打碎柱状晶，改善宏观偏析，把铸态组织变为锻态组织，并在合适的温度和应力条件下，焊合内部孔隙，提高材料的致密度。

(2)铸锭经过锻造形成纤维组织，进一步通过轧制、挤压、模锻，使锻件得到合理的纤维方向分布。

(3)控制晶粒的大小和均匀度。

(4)改善第二相(如莱氏体钢中的合金碳化物)的分布。

(5)使组织得到形变强化或形变-相变强化。

由于上述组织的改善，锻件的塑性、冲击韧度、疲劳强度及持久性能等也随之得到了提高。热变形最原始的坯料来自于金属铸锭，铸锭中含有多种夹杂物，且多分布在晶界上，既有塑性夹杂物(如 FeS、MnS 等)，也有脆性氧化物(如 FeO、SiO_2 等)。在产生热变形时，晶粒沿变形最大方向伸长，塑性夹杂物也随着一起被拉长，脆性氧化物被打碎呈链状分布。通过再结晶，晶粒被细化，而夹杂物却依然呈条状和链状被保留下来，从而形成了纤维组织，如图 2-3 所示。

锻造比是锻造生产中代表金属变形程度大小的一个参数。随着锻造比的增加，纤维组织的形成越加明显，如图 2-3 所示上下砧板右侧组织。由于纤维组织的形成，使金属的力学性能呈现方向性，如纵向(顺纤维方向)的塑性和韧性高于横向(垂直纤维方向)，至于强度，两个方向上差别不大。但当锻造比过大时，锻件的力学性能便不再升高，而是使得各向异性增加。

由于纤维组织的稳定性很高，无法通过热处理的方法加以消除，只能再次通过锻造方法使金属在不同的方向上变形，才能改变纤维组织的方向和分布状况，因此，为了获得具有最佳力学性能的零件，在设计和制造零件时，应注意：①必须考虑金属的纤维方向，使零件工作时正应力方向与纤维方向重合，切应力方向与纤维方向垂直；②使纤维组织的分布尽可能与零件的外形轮廓相符合而不被切断，形成"全纤维分布"。

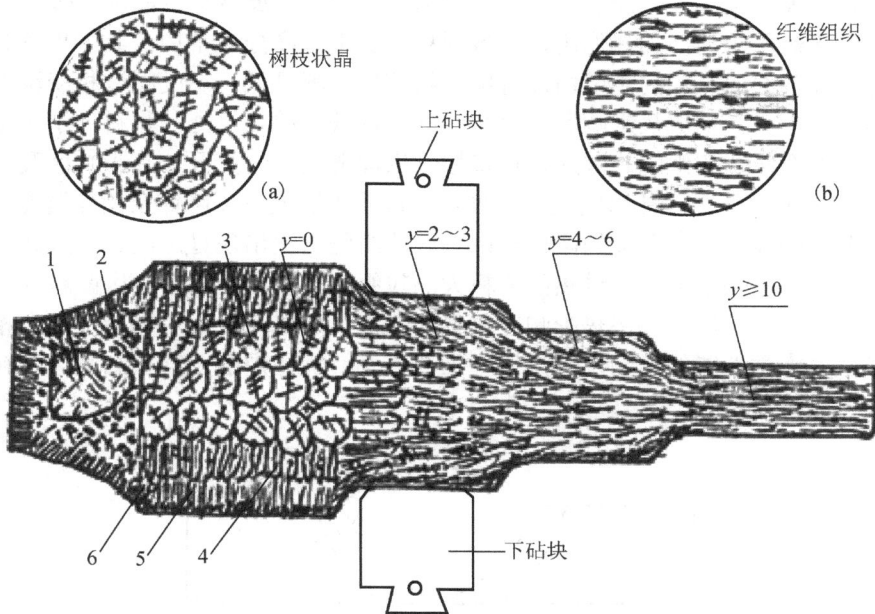

图 2-3　纤维组织

1-缩孔；2-缩松；3-等轴晶；4-树枝状晶；5-细晶壳层；6-皮下气泡

4．实验步骤

(1)由实验指导教师讲解试样制作过程。

(2)仔细观察各类试样纤维组织的分布状况，并加以分析比较。

5．实验报告

(1)画出各类试样的纤维组织分布图：①道钉；②齿轮坯；③弯曲类锻件。

(2)分析金属纤维组织的形成及对金属力学性能的影响。

2.1.4　焊接接头金相组织分析实验

1．实验目的

(1)观察低碳钢熔化焊焊接接头金相组织变化情况。

(2)分析焊接接头组织变化对力学性能的影响。

(3)初步分析影响焊接接头金相组织的因素和改进措施。

2．实验器具与试样

(1)金相显微镜。

(2)金相抛光机。

(3)金相砂纸、硝酸酒精浸蚀液。

(4)低碳钢焊接接头横截面试样。

3. 实验原理

熔化焊是工业生产中应用最广的焊接方法，其中又以手工电弧焊最为普遍，气焊多用于少量焊接 3mm 以下薄板制件。

熔化焊是将焊件接头处金属加热到熔化状态，靠熔化金属冷却结晶成一体而完成焊接的方法。由于焊接热源的局部加热作用，导致焊接接头上温度分布不均，其中焊缝金属被加热到熔点以上，焊缝周边金属的温度由焊缝向母材部位逐渐降低。温度超过相变温度而低于熔点时，材料发生相变，形成热影响区，热影响区与焊缝区的交界处，材料处于半熔化状态，形成一薄层的熔合区金相组织。因此，焊接接头由焊缝区、熔合区、热影响区及母材四部分构成，如图 2-4 所示。由于热影响区的温度从接近熔点温度逐渐降低至相变温度，所以对于低碳钢在常温下的焊接，随温度的降低热影响区的组织依次出现过热区、正火区、不完全重结晶区等组织。由于热影响区的过热区的粗大晶粒组织及不完全重结晶区晶粒的不均匀性，焊件的质量主要取决于焊接接头热影响区材料的性能。所以，了解焊接接头的金相组织变化情况及其对金属力学性能的影响，制定合理工艺方案，优化焊缝及其热影响区晶粒组织，对提高接头质量极其重要。

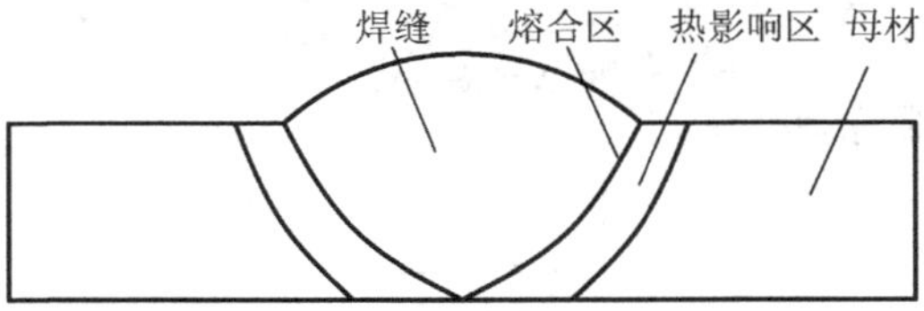

图 2-4　焊接接头示意图

本实验是利用显微镜观察低碳钢的手工电弧焊、气焊焊接接头的焊缝区与热影响区的金相组织。在此基础上设想中碳钢、高碳钢及某些合金钢，在焊后接头中会产生什么组织及其对性能的影响。

4. 实验步骤

(1)实验指导教师讲解试样制备方法、过程及有关注意事项。

(2)在金相显微镜下观察焊接接头金相组织，并仔细分析焊缝区与热影响的各个区的金相组织的差异(晶粒尺寸、晶粒形状等)。

5. 实验报告

(1)绘出低碳钢焊接接头横截面的金相组织变化示意图，并指出各区域组织名称。

(2)分析各区组织变化情况和原因。

(3)分析和提出保证熔化焊焊接接头质量的措施。

2.2　技术测量及误差分析实验

通过干涉显微镜测量表面粗糙度、电动轮廓仪测量表面粗糙度、电感测微仪测量圆跳动、正弦规测量锥体的锥度误差、立式光学计测量塞规、大型工具显微镜测孔心距、内径指示表测量孔径实验，使学生加深对互换性原理的理解，掌握几何形体的公差及粗糙度测量技术等。

2.2.1　用干涉显微镜测量表面粗糙度实验

1. 实验目的

(1)初步了解用光波干涉法测量表面粗糙度的原理。

(2)学习干涉显微镜的使用方法。

2. 实验设备及工具

干涉显微镜。

3. 实验说明

1)仪器说明

干涉显微镜是用光法干涉原理测量表面的粗糙度的仪器。评定参数一般用不同度平均高度 Ra，它可测粗糙度为 $Ra=0.05\sim0.4\mu m$ 的表面。

2)测量原理

仪器的光学系统如图 2-5 所示，为了获得干涉，必须使光源 1 发出的光束经分光板 7 后分为两束：一束透过分光板 7、补偿板 9、显微物镜 10 后射向被测工件 M_2 的表面。由 M_2 反射后经原路返回至分光板 7，再在分光板 7 上反射，射向观察目镜 14；另一束由分光板 7 反射后通过物镜 8 射到标准镜 M_1 上，由 M_1 反射，再经物镜 8 并透过分光板 7，也射向观察目镜 14。它与第一束光线相遇，产生干涉。通过目镜 14 可以看到定位在工件表面上的干涉条纹。

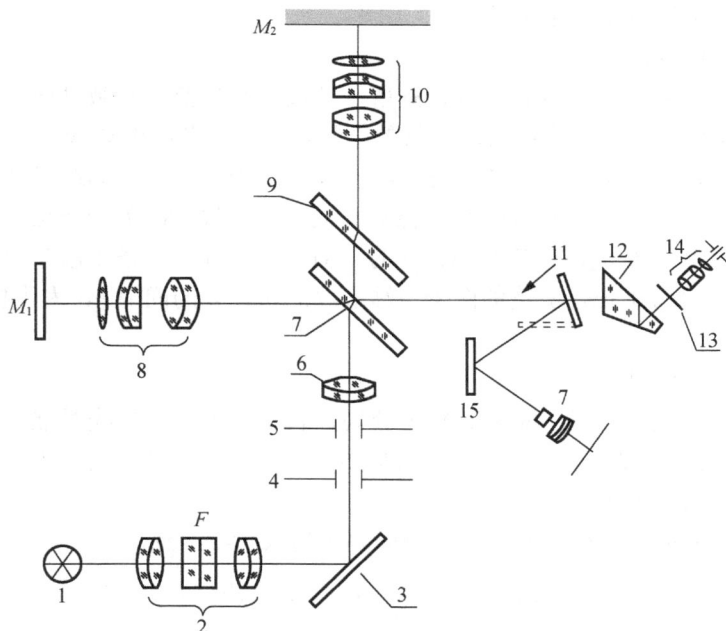

图 2-5　光学系统示意图

1-光源；2-聚光镜；3-反光镜；4-孔径光阑；5-视场光阑；6-照明物镜；7-分光板；8-物镜；
9-补偿板；10-物镜；11-反光镜；12-转向棱镜；13-分划板；14-目镜；15-摄像物镜

分光板 7、补偿板 9、物镜 8、物镜 10 以及标准镜 M_1 等都经过精密加工，如果被测工件表面也是同样精密，那么就可以得到没有曲折的直干涉条纹。

　　调节 M_1、M_2 至物镜 8、10 的距离，使目镜视场中能清晰地看到 M_1、M_2 的表面像。同时物镜 8、10 离分光板分光点的光学距离相等时，说明干涉仪的两臂之长相等，视场中出现零次干涉条纹。用白光照明时，视场中央出现两条近似黑色对称条纹；再次，对称分布着数条彩色条纹。

　　使 M_2 作高低方向微量移动时，视场中干涉条纹也作相应的位移。M_2 的移动量 t 与视场中干涉条纹的移动量 ΔN 有确定的关系，t 等于 $\lambda/2$ 时（λ 为光波的波长），视场中干涉条纹移动一个条纹间隔，即原来零次条纹移到 1 次条纹的位置，原来 1 次条纹的位置移到 2 次条纹的位置。

　　如果 M_2 上有一凹穴或凸缘，其凹凸的深度为 t，那么在视场中此凹凸部分成像处的干涉条纹也相应弯曲。弯曲量 ΔN（单位为条纹间隔数量，几个条纹或几分之一个条纹间隔），t 与 ΔN 也与上述一样有确定关系，即 $t = \lambda/2\Delta N$。因此测量时凹凸深度 t 与干涉条纹的视见宽度无关。

　　本仪器就是用测量现场中干涉条纹的弯曲量，反过来推算出零件表面的不平深度。

　　仪器上的干涉滤色片，使白光过滤后，只有半宽度很小的这部分单色光通过仪器，这种单色光有较好的相干性。因此在使用仪器时为寻找干涉条纹提供了方便；同时，这种单色光有确定的波长值，因而能提高测量精度。

4. 实验步骤

　　使测微目镜十字线中一条和干涉条纹的方向平行，另一条与被测量表面划痕方向平行，此时用固定螺丝将测微目镜固紧。

　　不平深度测量分为以下三个步骤。

　　1) 测量条纹之间的间隔

　　在白光工作时，用两条黑色条纹进行测量，条纹的间隔值用测微目镜上鼓轮分划数来表示。为了提高测量精度，将十字线对准条纹的中间，而不是条纹的边缘。

　　移动测微目镜视场中十字线，使其与干涉条纹方向平行的一条刻线对准一黑色干涉条纹下凸缘的中间，此时得到第一个读数 N_1。然后将同一条刻线对准另一条黑色干涉条纹下凸缘的中间，得到第二个读数 N_2；或者在单色光时，对准其他任何一条干涉条纹的中间，得到第二个读数 N_2，但此时必须记住测量的两个干涉条纹间所包含的间隔 n，为了提高测量精度，n 最好取 3 个以上。

　　2) 测量条纹的弯曲量

　　干涉条纹的弯曲量，同样用测微鼓轮上分划数表示。用一条刻线对准干涉条纹下凸缘的中间，此时读数为 N_3（同 N_2）。然后用同一条刻线对准同一条干涉条纹最大弯曲处的干涉条纹上凸缘中间，得到第二个读数 N_4。

　　干涉条纹的弯曲值为多少个干涉条纹的间隔可用式(2-2)表示：

$$\Delta N = \frac{N_3 - N_4}{N_2 - N_1} \cdot (n\text{条干涉条纹}) \tag{2-2}$$

　　3) 计算不平深度

　　在白光工作时，宽度为一个干涉条纹的弯曲量相当于被测量表面不平深度为 $0.27\mu m$，此时不平深度可用式(2-3)计算：

$$t = \frac{N_3 - N_4}{N_2 - N_1} \cdot (n\text{条干涉条纹})\quad(\mu m) \tag{2-3}$$

式中，t 为不平深度，μm；N_1 为测量间隔时第一次读数；N_2 为测量间隔时第二次读数；N_3 为测量条纹弯曲量时第一次读数；N_4 为测量条纹弯曲量时第二次读数；n 为测量的两个条纹所包含的间隔数；白光时 $n=1$。

5. 实验报告

(1)解释干涉显微镜的测量原理。

(2)评定长度怎样选取？

2.2.2　用电动轮廓仪测量表面粗糙度实验

1. 实验目的

(1)熟悉电动轮廓仪测量表面粗糙度的方法。

(2)了解电动轮廓仪的基本原理。

2. 实验设备及工具

2201 型电动轮廓仪。

3. 实验说明

2201 型电动轮廓仪由传感器、驱动箱、电器箱、记录器等基本部件组成，如图 2-6 所示。有 2.5mm、0.8mm、0.25mm 三种取样长度，测量范围为 $Ra=0.04\sim10\mu m$。仪器能测 $\phi 6$ 以上的内孔表面。

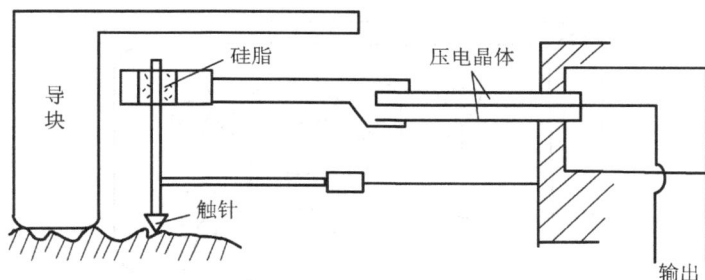

图 2-6　2201 型电动轮廓基本部件组成

1)传感器原理

传感器原理如图 2-7 所示。

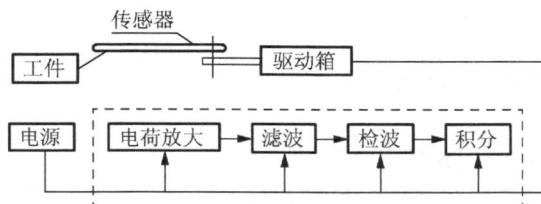

图 2-7　传感器原理示意图

当触针沿零件表面滑行产生上下位移时，压电晶体块的两端就产生变形，于是在压电晶体表面的电极间，就产生与变形成比例的电荷。此电荷输出经放大、滤波、检波、积分运算等处理后，直接在电器箱的读数表上指出 Ra 值来。

2)驱动箱

它使传感器在被测表面上作直线往复运动，其速度有两种：0.015mm/s 和 1mm/s，行程长度有三种：2mm、4mm 和 7mm。驱动箱示意图如图 2-8 所示。

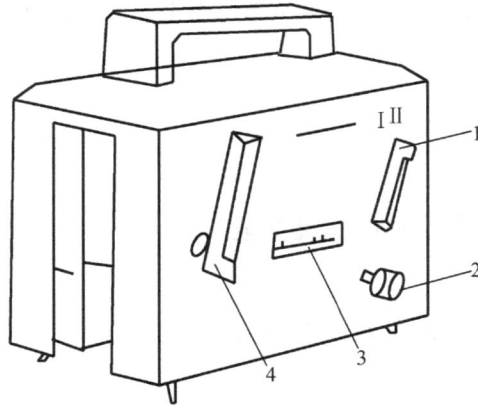

图 2-8　驱动箱示意图

1-变速手柄；2-手轮；3-行程标尺；4-启动手柄

3）电器箱

电器箱结构如图 2-9 所示。

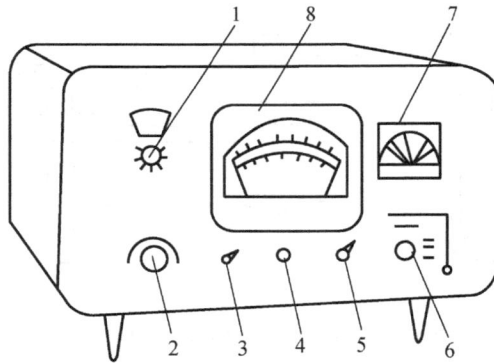

图 2-9　电器箱示意图

1-测量范围旋钮；2-调零旋钮；3-测量方式手柄；4-指示灯；5-电源开关；6-切除长度，有效行程旋钮；7-指零表；8-读数表

4. 实验步骤

测量方式分为读表法和记录法两种。

1）读表法

（1）将驱动箱上变速手柄 I 拨至 II 位置。

（2）用驱动箱的升或降，使传感器的触针接触被测表面，使电器箱上指零表 7 的指针进入两条红带之间。

（3）电器箱上测量方式手柄 3 拨至读数位置，电源开关 5 拨至开位置。依被测表面粗糙度情况用旋钮 6 选择切除长度、用旋钮 1 选择测量范围。

（4）将驱动箱上启动手柄 4 向右拨，则触针开始测量，在电器箱上读数表 8 读取 Ra 值。

2）记录法

（1）将驱动箱上变速手柄 I 拨至 II 位置。

（2）电器箱上测量方式手柄 3 拨至记录位置，电源开关 5 拨至开位置。有效行程旋钮 6 拨至 40mm 处，依被测表面粗糙度情况用旋钮 I 选择垂直放大比。

（3）用驱动箱升或降，使传感器的触针接触被测表面，使记录器的记录笔进入记录纸中间位置，再用电器箱的调零旋钮 2 使记录笔位于理想位置。

（4）用记录器上交速手轮调整排纸速度（即水平放大比）。

（5）将驱动箱上启动手柄 4 向右拨，则触针开始测量，按记录器上按钮开关 1，则记录笔开始描绘被测图形。

5. 实验报告

（1）电动轮廓仪测量表面粗糙度的原理。

（2）怎样选取驱动箱的速度和行程长度，为什么？

2.2.3　用电感测微仪测量圆跳动实验

1. 实验目的

（1）了解电感测微仪的基本原理及其应用。

（2）了解齿圈径向跳动的测量方法，练习公差表格的查阅。

2. 实验设备及工具

电感测微仪。

3. 实验说明

1）概述

电感测微仪属电动式量仪，是一种精度高、测量范围大、稳定性好、能够准确测出微小尺寸变化的精密测量仪器。它由主体和测头两部分组成，配上相应的测量装置（如测量台架等）能够完成多种精密测量，如检测工件内径、外径、平行度、垂直度、同轴度、跳动等。本仪器既能连接一个触头单独用于静态测量，又能连接两个测量作和、差演算，适用于动态测量。

2）工作原理

电动量仪的测量线路一般都采用桥式电路如图 2-10 所示，当 A 测头进行测量时由振荡器产生的振荡电压只加到 A 测头线图与调零电位器 W_1 组成的感桥路上。当 A 测头的铁心处于两线圈的中间位置（平稳位置）同时电位器 W_1 也在中间位置，显然两线圈内电感量相等，由此产生的电压 V_1 和 V_2 的大小也相等。此时电桥处于平衡状态，没有信号电压输出。

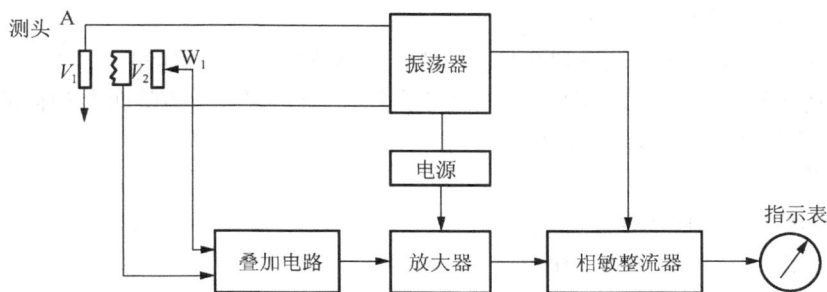

图 2-10　电动量仪的测量线路示意图

如果铁心位移到平衡位置的上面，则上面线圈的电感量增大，电压 V_1 也大，下面线圈的电感量减小，电压 V_2 也减小。这样电桥不平衡而有输出信号电压。铁心向上离平衡位置的位移量越大，电桥越不平衡即输出的信号电压越大。同理当铁心移到平衡位置的下面也会引起电桥不平衡而有输出信号电压。

　　输出信号电压送到叠加电路，然后经过放大器进行放大，再由相敏整流器整流出相应于铁心上下位移量的正负直流电流，输至指示表使指针偏转，从而指示出工件尺寸变化的数值。

　　3）仪器各部分名称和作用

　　DGV-4 型电感测微仪各部分的名称和作用如图 2-11 所示。

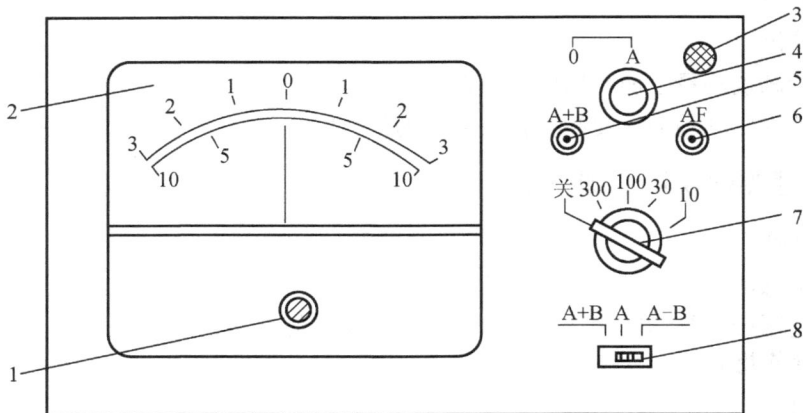

图 2-11　DGV-4 型电感测微仪

　　图 2-11 中，1 为指示表机械调零螺钉；仪器未接通电源以前，用来调整指示表指针的零位；2 为指示表；3 为电源指示灯；4 为 A 测头调零旋钮；调整 A 测头零位；5 为和差演算调零电位器（A±B）；和差演算时，调整 B 测头零位；6 为 A 测头倍率调整电位器（AF）；调整 A 测头倍率用；7 为量程选择开关：用来选择测量范围并起电源开关用；8 为测量选择开关：用于单测头测量或"和"、"差"测量的选择。

　　4. 实验步骤

　　(1) 将电感测头装卡在测量台架上，测头上的电缆插头与仪器上的"A"测头插座连接测量选择开关拨在"A"挡位上。接通电源，让仪器预热 15min。

　　(2) 将工件装在两顶尖上应保证工件与顶尖接触可靠，并且转动灵活。

　　(3) 调整测量台架位置使测头与工件被测面接触，用微调螺钉使指针进入表盘刻度范围内，再用"A"测头调零旋钮精确调零。

　　(4) 用手转动工件，电感测微仪指针的读数差即被测工件的跳动量。

　　(5) 按上述方法在外圆（或端面）上若干个截面上进行测量。取各截面上测得的跳动量中的最大值作为该零件的径向（或端面）跳动。

　　5. 实验报告

　　(1) 电感测微仪的测量原理。

　　(2) 电感测微仪能测量哪些尺寸？

2.2.4　用正弦规测量锥体的锥度误差实验

　　1. 实验目的

　　(1) 熟悉正弦规测量锥体的方法。

(2)练习锥体公差表格的查阅。

2．实验设备及工具

正弦规。

3．实验说明

1)仪器说明

正弦规是供精密测量样板角度、圆锥体及其他类似工具的角度之用。正弦规两端的圆柱中心线之间的距离 L 规定有 100mm 及 200mm 两种，以工作台面分为宽面和窄面两种。

2)测量原理

欲使装在正弦规上的锥体母线平行于底面——平板，需在正弦规下(锥体小头的圆柱下)垫起高度 h，如图 2-12 所示。

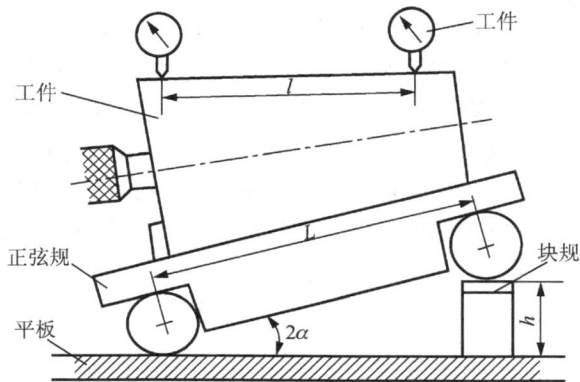

图 2-12　正弦规测量原理图

$$h = L \cdot \sin \alpha \tag{2-4}$$

实际工件的锥度 K 可以从手册中查出，从 $K = 2\tan\alpha$ 中得

$$\sin 2\alpha = \frac{4K}{4 + K^2}$$

按下式可直接算出量块组高度 h：

$$h = \frac{4LK}{4 + K^2}$$

量块组高度 h，也可直接从表中查出。

4．实验步骤

(1)按公式计算(或从表中查出)h 值，选好量块组合好放在正弦规一端圆柱下面。

(2)将锥体放在正弦规上(图 2-12)，在锥体母线上选好 a、b 两点，使 $ab=50$mm(即 $l=50$mm)。

(3)用带架指示表测出 a、b 两点高度差 ΔH，测量三次取平均值。

(4)按 $\Delta K = \Delta H / L$ 算出锥度误差，再与查表所得 ΔK 值比较，并判断锥体的适用性。

5．实验报告

(1)正弦规测量锥体的原理与方法。

(2)如何判断锥体的适用性？

2.2.5 用立式光学计测量塞规实验

1. 实验目的

(1)了解立式光学计的测量原理。

(2)熟悉用立式光学计测量外径的方法。

2. 实验设备及工具

立式光学计。

3. 实验说明

立式光学计是一种精度较高而结构简单的常用光学量仪。用量块作为长度基准，按比较测量法来测量各种工件的外尺寸。

光学计是利用光学杠杆放大原理进行测量的仪器，其光学系统如图 2-13(b)所示。照明光线经反射镜 1 照射到刻度尺 8 上，再经直角棱镜 2、物镜 3 照射到反射镜 4 上。由于刻度尺 8 位于物镜 3 的焦平面上，故从刻度尺 8 上发出的光线经物镜 3，则反射光线折回到焦平面，刻度尺 7 的图像与刻度尺 8 对称。若被测尺寸变动使测杆 5 推动反射镜 4 绕支点转动某一角度 α，如图 2-13(a)所示，则反射光线相对于入射光线偏转 2α 角度，从而使刻度尺 7 的图像产生位移 t，如图 2-13(c)所示，它代表被测尺寸的变动量。物镜至刻度尺 8 间的距离为物镜焦距 f，设 b 为测杆中心至反射镜支点间的距离，s 为测杆 5 移动的距离，则仪器的放大比 K 为

$$K = \frac{t}{s} = \frac{f\tan 2\alpha}{b\tan \alpha} \tag{2-5}$$

当 α 很小时，有

$$\tan 2\alpha = 2\alpha, \qquad \tan \alpha = \alpha$$

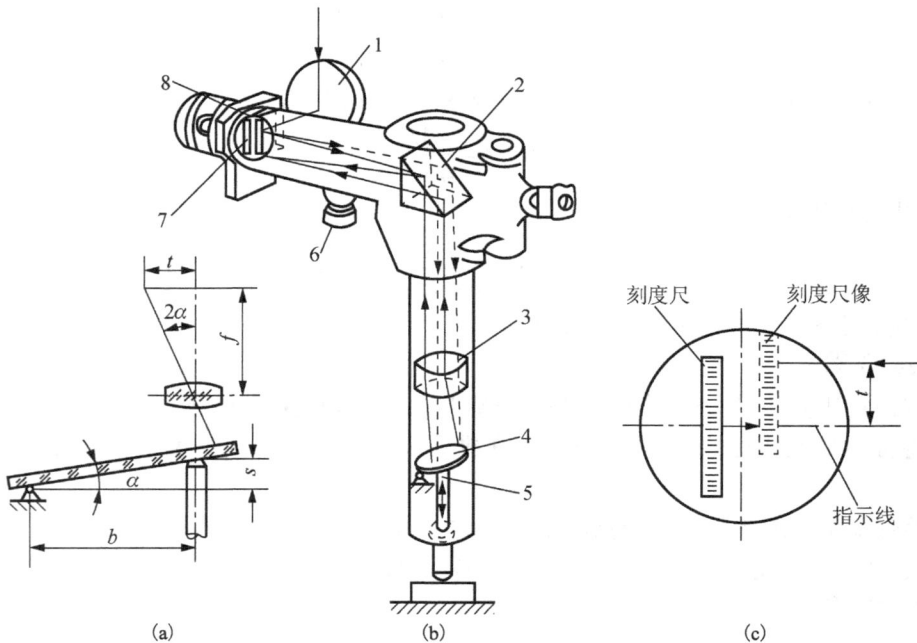

图 2-13 立式光学计放大原理图

1、4-反射镜；2-直角棱镜；3-物镜；5-测杆；6-旋钮；7、8-刻度尺

因此，有

$$K = \frac{2f}{b}$$

光学计的目镜放大倍数为 12，$f = 200\text{mm}$，$b = 5\text{mm}$。

故仪器的总放大倍数 n 为

$$n = 12K = 12\frac{2f}{b} = 12 \times \frac{2 \times 200}{5} = 960 \tag{2-6}$$

由此说明，当测杆移动 0.001mm 时，在目镜中可见到 0.96mm 的位移量。

4. 实验步骤

(1) 测头的选择：测头有球形、平面形和刀口形三种，根据被测零件表面的几何形状来选择，使测头与被测表面尽量满足点的接触。所以测量平面或圆柱面工件时，选用球形测头，测量球面工件时，选用平面形测头。测量小于 10mm 的圆柱面工件时，选用刀口形测头。

(2) 按被测塞规的基本尺寸组合量块。

(3) 调整仪器零位，具体如下。

① 选好量块组后，将下测量面置于子工作台 11 的中央，并使量头 10 对准上测量面中央，如图 2-14 所示。

② 粗调节：松开支臂紧固螺钉 4，转动调节螺母 2，使支臂 3 缓慢下降，直到量头与量块上测量面轻微接触，并能在视场中看到刻度尺像时，将螺钉 4 锁紧。

③ 细调节：松开紧固螺钉 8，转动调节凸轮 7，直至在目镜中观察到刻度尺零线与指示线 μ 接近，如图 2-14(b) 所示。然后拧紧螺钉 8。

④ 微调节：转动刻度尺微调螺钉 6，使刻度尺的零线影像与指示线 μ 重合，如图 2-14(c) 所示，然后压下测头提升杠杆 9 数次，使零位稳定。

⑤ 将测头抬起，取下量块。

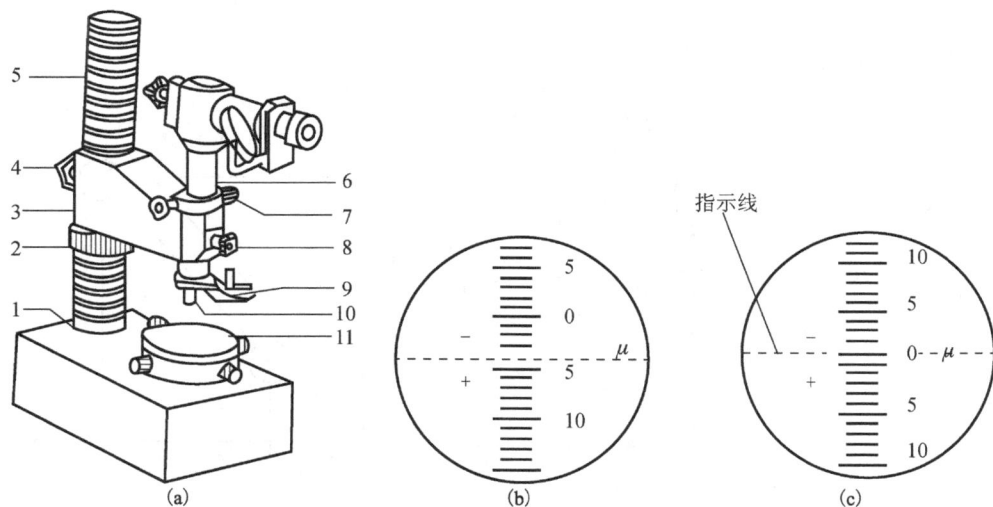

图 2-14　刻度尺读数

(4) 测量塞规：按实验规定的部位(在三个横截面上两个相互垂直的径向位置上)进行测量，把测量结果填入实验报告。

5. 实验报告

(1) 立式光学计的测量原理与方法。

(2)如何选择测头?

2.2.6　用大型工具显微镜测孔心距实验

1. 实验目的

(1)了解大型工具显微镜的基本结构和使用。

(2)学习用双像目镜测量孔心距的方法。

2. 实验设备及工具

大型工具显微镜、双像目镜。

3. 实验说明

1)仪器说明

工具显微镜是一种精密光学测量仪器,一般用来测量长度、角度、螺纹等,还可进行形状鉴定、轮廓比较测定及表面粗糙度检定,如外形复杂的样板、冲模的测定。工具显微镜分小型、大型、万能(附件较多,精度较高)和重型(主要测大型工件)四种,虽然它们的测量精度和范围不同,但基本原理和基本特点是一样的。

2)双像目镜测量原理

双像目镜是大型工具显微镜的附件,用它能迅速而又准确地使被测孔的轴线与显微镜的光轴重合,其光路如图 2-15(a)所示。光源发出的光经 A_0 点而投射到与光轴成 45°的镜面 I 上时光线被分为两部分:一部分透过镜面 I 分别经顶上的 C、D 点,再反射到镜面 II 上 F 点,在目镜视场内观察为 A_1 点;另一部分光线反射后分别经右侧两镜面上的 G、H 两点再反射,透过镜面 I 而反射在镜面 II 上的 K 点,在目镜视场内观察为 A_2 点。若以小直径的孔代替 A_0 点,则显微镜视场内图像示意图如图 2-15(b)所示。只有当孔的中心与光轴重合时,孔的两个图像才能准确地重合,为此需移动工作台。

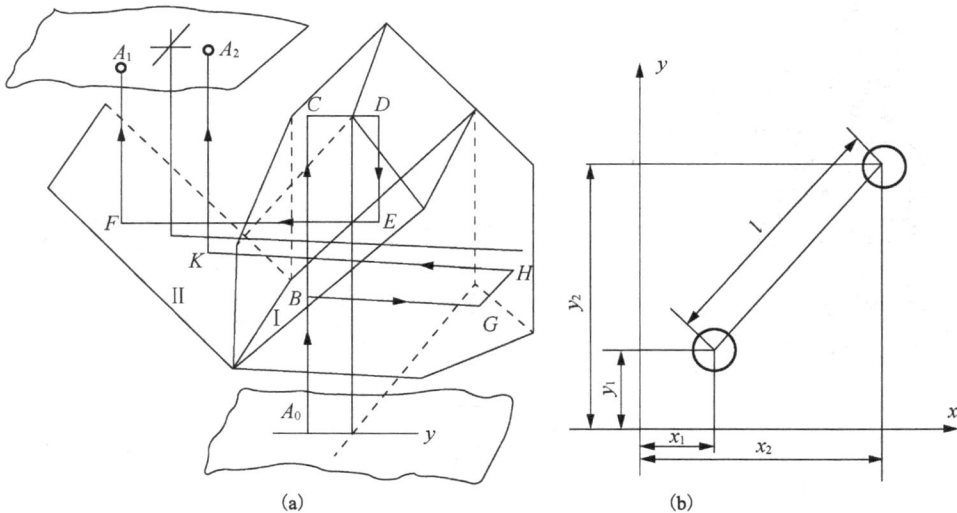

图 2-15　双像目镜测量原理

4. 实验步骤

(1)将被测工件安放在工作台上。

(2)调整双像目镜上下位置直到视场中出现被测件的清晰影像,此时视场内出现被测孔的两对称影像。

(3)移动工作台，使其中一孔的对称影像重合，此时，该孔中心与主光轴重合，记下纵横千分尺读数 x_1、y_1。

(4)上述过程将第二孔对准，记下纵横千分尺读数 x_2、y_2，反复进行三次取其平均值。

(5)将测得值代入公式，即求出孔心距 l：

$$l = \sqrt{(x_2 - x_1)^2 + (y_2 - y_1)^2}$$

5. 实验报告

(1)大型工具显微镜的基本结构和使用原理。

(2)如何用双像目镜测量孔心距？

2.2.7　用内径指示表测量孔径实验

1. 实验目的

(1)了解内径指示表的工作原理和使用方法。

(2)掌握由测量结果(尺寸偏差和几何形状偏差)来判断工件的适用性。

2. 实验设备及工具

内径指示表、标准量块组。

3. 实验说明

由内径指示表和装有杠杆系统的测量装置所组成，仪器附有一套固定测头以备选用。它采用相对比较法进行长度的测量，活动量头的移动经杠杆系统传给指示表，内径指示表的两测量头放入被测孔内，采用弦片来保证两测量头位于直径方向上。在弹簧力的作用下，弦片始终和被测孔接触，其接触点的连线和直径保持垂直，从而保证了两测量头位于被测孔的直径上。

4. 实验步骤

(1)根据被测孔的基本尺寸，选择相应的固定量头旋入量杆上。

(2)按被测孔的基本尺寸，选择量块并组合到量块夹中。

(3)如图 2-16 所示，调整指示表的零点。

(4)将已调整好零点的指示表放入被测孔内摆动，找到指针偏转的最小值，即孔的实际读数。

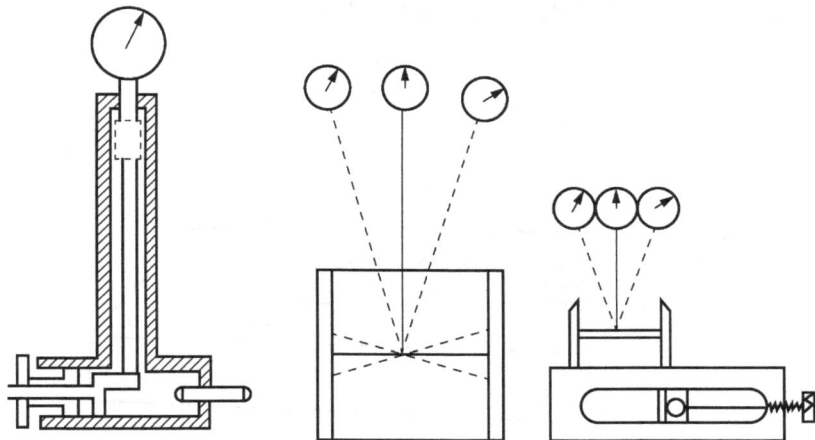

图 2-16　内径指示表测量孔径

(5)如图 2-17 所示,在孔的三个截面两个方向上,共测六处,按孔的验收极限判断工件的合格性。

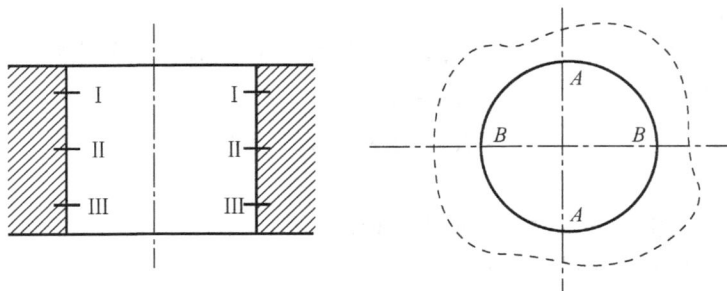

图 2-17　内径指示表测量位置示意图

5. 实验报告

(1)内径指示表的工作原理和使用方法。

(2)如何由测量结果(尺寸偏差和几何形状偏差)来判断工件的适用性?

2.2.8　平面度测量实验

1. 实验目的

(1)熟悉掌握测量平面度的方法。

(2)掌握符合最小条件的基准转化法。

2. 实验设备及工具

被测平板、台架、千分表。

3. 实验方法

当平板尺寸小于 400mm×400mm 时,要测均匀分布的 9 个点;当平板尺寸大于 400mm×400mm 时,要测均匀分布的 16 个点。

4. 实验步骤

(1)将千分表调零。方法:移动表架使测杆垂直于平板且测头与平板接触,将测杆压缩 2mm,即小指针指向 2,转动表盘,使大指针指示为零。

(2)移动千分表,测出其他各点的值,如图 2-18 所示。

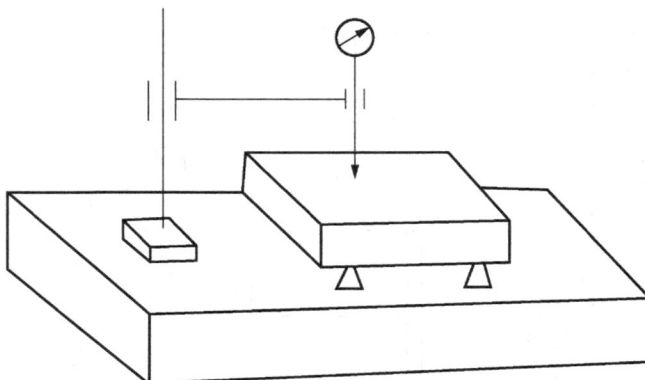

图 2-18　平面度测量示意图

(3)用对角线法测量平面度误差,即以通过实际被测要求的一条对角线两端点的连线且平行于另一条对角线平面为基准,并以平行于此基准面的两平面之间的最小距离为平面度误差值。

5. 实验报告

(1)测量平面度的方法有几种?

(2)何为符合最小条件的基准转化法?

2.3　技术测量应用实验

通过车刀角度的测量、切削要素对表面粗糙度的影响、齿轮齿圈径向跳动误差的分析与测定实验,使学生了解刀具角度测量及各种精密量具量仪的使用,了解刀具选择对切削加工质量及生产率的影响。

2.3.1　刀具几何角度检测实验

1. 实验目的

(1)加深课堂讲授的有关车刀切削部分的理解,从而掌握车刀切削部分的构造要素、车刀标注角度参考系及车刀标注角度的基本概念。

(2)了解车刀量角台的构造和使用方法,学会用它测量车刀的标准角度并绘制车刀的标注角度图。

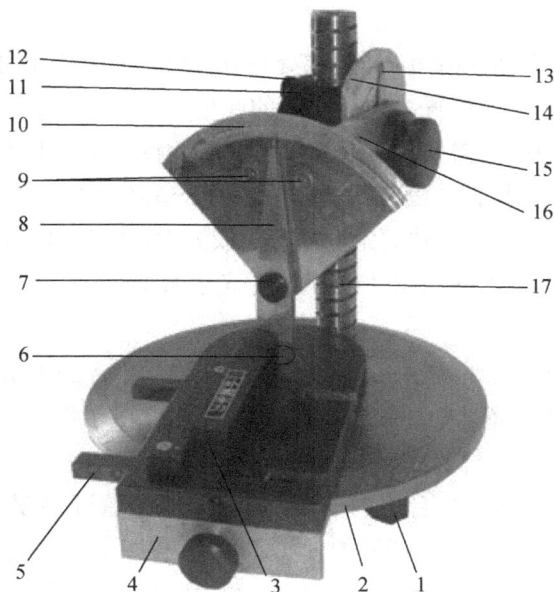

图 2-19　车刀量角台

1-支脚;2-底盘;3-定位块;4-工作台;5-导条;6-小轴;7-螺针轴;8-大指针;9-螺钉;10-大刻度盘;
11-滑体;12-大螺帽;13-小指针;14-小刻度盘;15-旋钮;16-弯板;17-立柱

2. 实验设备、仪器和用具

(1)车刀量角台。

(2)车刀(外圆、端面车刀)。

3. 实验说明

车刀的标注角度可以用角度样板、万能量角器、重力量角器、车刀量角台等工具进行测量。由于车刀量角台能够方便、迅速、准确地进行车刀角度的测试,本书采用车刀量角台进行车刀关键尺寸的测量。

1)车刀量角台的构造

车刀量角台是车刀角度测量台的简称,是测量车刀标注角度的专用测量仪。它的结构形式有多种,图2-19所示为既能测量车刀主刨面参考系的基本角度,又能测量车刀刨面参考系的基本角度的一种车刀量角台。

车刀量角台由底盘、工作台、大小指针、大小刻度盘、立柱、滑体等20个零件组成。底盘 2 的周边上刻有从 0° 起向顺、逆时针两个方向各 100° 的刻度,其上的工作台 4 可绕小轴 6 转动,转动角度的数值可由固连于工作台 4 上的刻度指示出来。工作台 4 上的定位块 3 和导条 5 固定在一起,能在工作台 4 的滑槽内平行移动。立柱 17 固定安装在底盘 2 上,其上制有矩形螺纹,旋转大螺帽 12 可使滑体 11 沿立柱 17 上的键槽上下移动。滑体 11 上用小螺钉固定安装小刻度盘 14,用旋钮 15 将弯板 16 紧在滑体 11 上。松开滑体 11,弯板 16 可绕旋钮 15 顺逆两个方向转动,弯板 16 围绕转动旋钮 15 角度的大小,可由固连于弯板 16 上的小指针 13 在小刻度盘 14 上指示出来。弯板另一端由两个螺钉 9 固定着扇形大刻度盘 10,其上用螺钉轴 9 安装着大指针 8。大指针 8 可绕螺钉轴 7 作顺逆两个方向的转动,并由大刻度盘 10 显示出转动的角度。

当工作台刻度、大指针 8 和小指针 13 都处在 0 位时,大指针 8 的前表面 a 和测表面 b 处于与工作台 4 的上表面垂直的位置,大指针 8 的底平面则平行于工作台的上表面。测量车刀角度时,就是根据被测角度的需要,转动工作台 4,调整工作台上的车刀位置,同时旋转大螺帽 12,使滑体 11 带动大指针 8 上下移动,使之处于适当位置,然后用大指针的前表面(或侧表面,或底平面),与车刀构成被测角度的刀面或刀刃紧密结合,此时在底盘 2(或大刻度盘 10)上则有刻度(或大指针 8)指示出相应的被测角度数值。

2)车刀量角台的使用

用车刀量角台测量车刀的标注角度时,必须预先将量角台的大指针、小指针和工作台指针全都调到 0 位,即原始位置。然后把待测车刀按图2-20所示位置平放在工作台上,即可开始进行测量。

(1)主偏角 κ_r 的测量。将工作台连同车刀一起从原始位置开始顺时针转动(工作台平面相当于基面),直到车刀主切削刃与大指针的 a 面贴合,这时,即可在标有刻度的圆形底盘上读出车刀主偏角值。此时工作台指针在底盘上所指示的刻度值即主偏角 κ_r 之值,如图2-20所示。

(2)刃倾角 λ 的测量。主偏角 κ_r 测完后,工作台不动,转动调整螺母,使大刻度盘上移,并转动小指针。调到大指针的 b 面与车刀主切削刃完全贴合为止(大指针的 b 面相当于基面),这时,即可在大刻度盘上读出车刀主切削刃的刃倾角 λ 值,指针在 0° 左边为"＋",反之为"－",如图2-21所示。

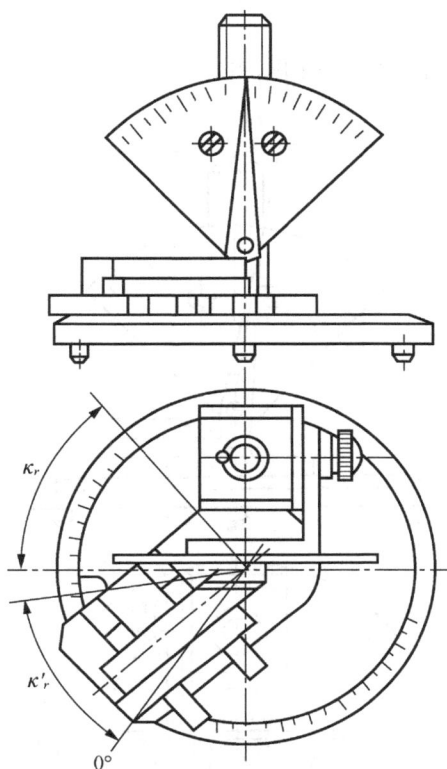

图 2-20　车刀主偏角 κ_r 测量　　　　　　图 2-21　车刀刃倾角 λ 的测量

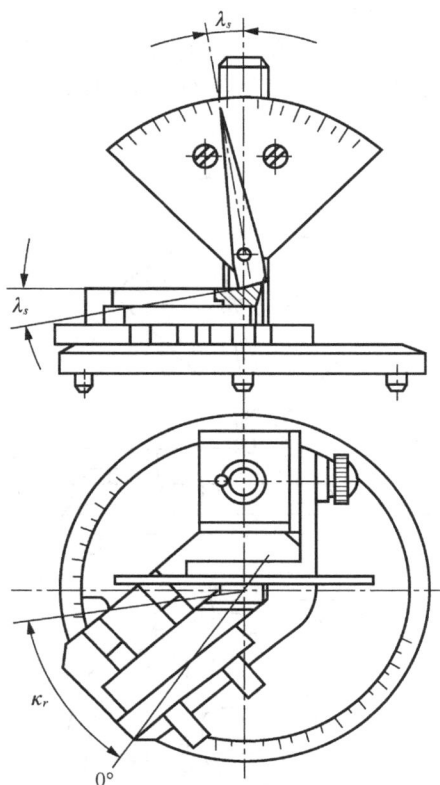

(3)前角 γ_0 的测量。主偏角测完后才可以测量前角。可在主偏角测完的位置上,逆时针转动工作台 90°(或从原始位置起,逆时针转动工作台 90°$-\kappa_r$)。此时,主切削刃在基面上的投影恰好垂直于大指针的前面 a(相当于正交平面),然后,使大指针的 b 面在车刀主切削刃选定点 A 处与前刀面贴合,这时,即可在大刻度盘上读出车刀主切削刃的前角 γ_0 值。指针在 0°右边为"＋",反之为"－",如图 2-22 所示。

(4)后角 α_0 的测量。前角 γ_0 测完后,工作台不动,向右平移车刀(这时定位块可能要换置于车刀的左侧,但仍要保证车刀侧面与定位块侧面靠紧),然后,下移大刻度盘,使大指针的 c 面在车刀主切削刃选定点 A 处与后刀面贴合,这时大指针在大刻度盘上的指示刻度就是该选定点在主剖面内的后角 α_0 之值。指针在 0°左边为"＋",反之为"－",如图 2-23 所示。

(5)副偏角 κ_r' 的测量。参照主偏角 κ_r 的测量方法,从原始位置逆时针转动工作台到副切削刃的大指针前表面 a 紧密结合,此时工作台指针在底盘上的指示刻度值即副偏角 κ_r' 之值。

4. 实验步骤

(1)使用车刀量角台测量外圆车刀的 κ_r、λ、γ_0、α_0、κ_r' 等数值。

(2)使用车刀量角台测量切断车刀的上述角度数值。

5. 实验报告

(1)如何用量角台测量端面车刀的各角度？

(2)用实验测量结果绘制车刀标注角度图，①外圆车刀；②切断车刀。

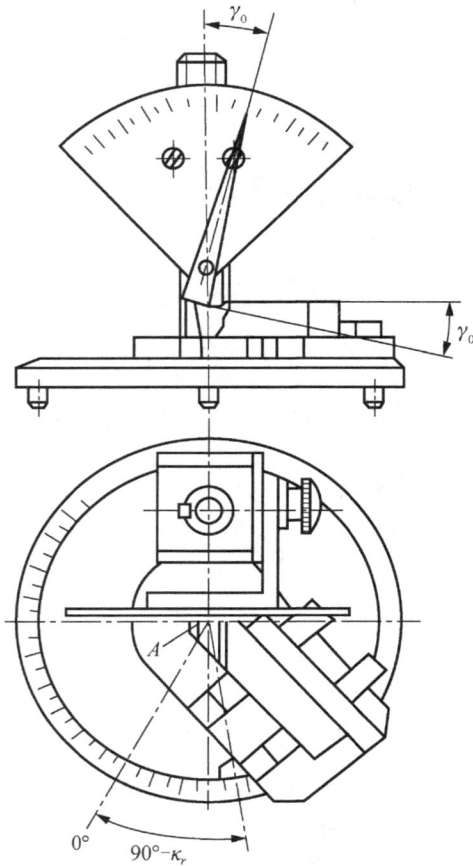

图 2-22　车刀前角 γ_0 测量　　　　　　图 2-23　车刀后角 α_0 的测量

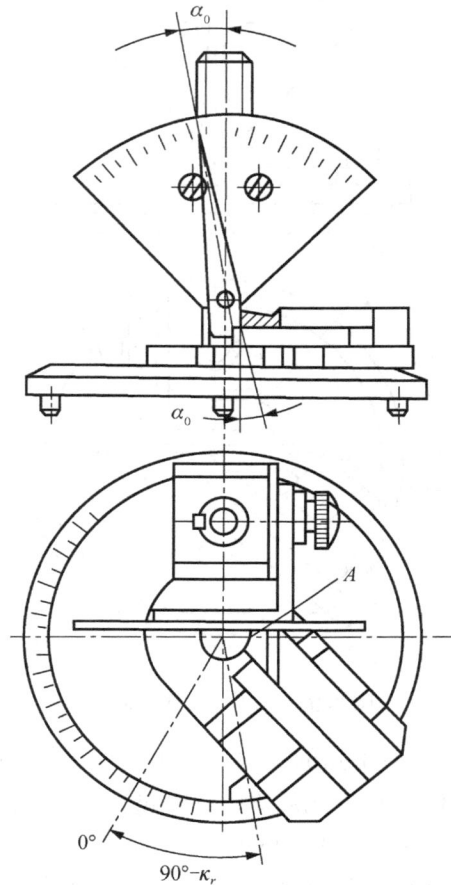

2.3.2　切削要素对表面粗糙度的影响实验

1. 实验目的

(1)增强切削用量(切削速度 V、进给量 f、切削深度 a_p)对表面粗糙度影响的感性认识。

(2)巩固表面粗糙度的概念。

2. 实验设备及工具

1)设备、试件

C618 车床一台，外圆车刀，切断刀，游标卡尺，试件($L=180$mm，$D=50$mm，$R_0=12.5$mm，材料 45＃钢)。刀具参数：$\gamma_0 = 0°$，$\alpha_0 = 8°$，$\kappa_r = \kappa_r' = 45°$，$\lambda_0 = 0°$，材料 YG0。

2)仪器

双管显微镜一台，干涉显微镜一台，粗糙度样板两块。

3. 实验说明

对于表面粗糙度的测量，可采用双管显微镜、干涉显微镜和自动轮廓仪等测量工具，并且测量结果比较准确，然而由于其操作较复杂且需要进行计算，不便于现场测量使用。而粗糙度样板，虽然测量的准确度较差，但使用简单方便，易于现场使用和测量，本书采用粗糙度样板进行表面粗糙度的测试。

4. 切削速度、进给量、切削深度对表面粗糙度影响

1）切削速度 V 对表面粗糙度的影响

对于塑性材料的加工，切削速度是影响其表面粗糙度的重要因素。积屑瘤的形成主要取决于切削速度 V 的大小，当 $V>100\mathrm{m/min}$ 时，不产生积屑瘤，粗糙度低，当 $V=5\sim50\mathrm{m/min}$ 时，对于钢材，特别是 $V=20\mathrm{m/min}$ 时，最易产生积屑瘤，粗糙度高。

2）进给量 f 对表面粗糙度的影响

进给量 f 的大小是影响车削残留面积大小量的重要参数之一，当 f 增大时，残留面积 $\triangle BCA$ 将增大，因而表面粗糙度也会增大，当 f 降低时，残留面积小，并且粗糙度降低，如图 2-24 所示。

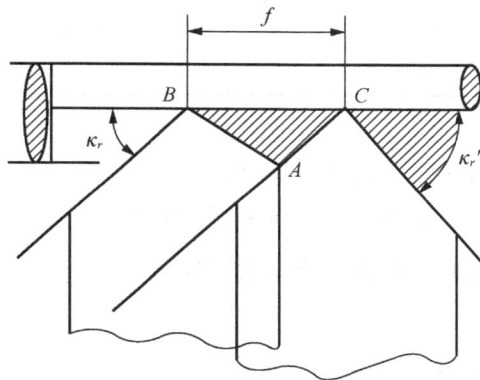

图 2-24　进给量 f 对表面粗糙度的影响

3）切削深度 a_p 对表面粗糙度影响

切削深度 a_p 大小，直接影响切削力的大小，切削力大，产生的振动大，表面粗糙度高，切削力小，产生的振动小，表面粗糙度低。

5. 实验步骤

(1)用三爪卡盘把试件安装在车床上，并装好车刀。

设定三组不同的切削速度进行切削，每组切削长度均为 60mm。

① 取 $n=615\mathrm{r/min}$，即 $V=\pi Dn/1000=\pi\times50\times615/1000\approx96.6(\mathrm{m/min})$；

② 取 $n=405\mathrm{r/min}$，即 $V=\pi Dn/1000=\pi\times50\times405/1000\approx63.6(\mathrm{m/min})$；

③ 取 $n=165\mathrm{r/min}$，即 $V=\pi Dn/1000=\pi\times50\times165/1000\approx25.9(\mathrm{m/min})$。

用粗糙度样板测量比较不同切削速度下的粗糙度参数值 Ra。

(2)用三爪卡盘把试件安装在车床上，并装好车刀。

设定三组不同的进给量进行切削，选择 $n=120\mathrm{r/min}$ 的转速，切削深度 a_p 设定为 3mm，取不同的进给量 f 进行切削，每组切削长度均为 60mm。

① 取 $f=0.3\mathrm{mm/r}$，切削长 60mm；

② 取 $f=0.66\mathrm{mm/r}$，切削长 60mm；

③ 取 $f=0.99\mathrm{mm/r}$，切削长 60mm。

用粗糙度样板测量比较不同进给量下的粗糙度参数值 Ra。

(3)用三爪卡盘把试件安装在车床上,并装好车刀。

设定三组不同的切削深度进行切削,选择 $n=120r/min$ 的转速,选择 0.66mm 的进给量 f 进行切削,每组切削长度均为 60mm。

① 取 $a=1mm$,切削长 60mm;

② 取 $a=2mm$,切削长 60mm;

③ 取 $a=3mm$,切削长 60mm。

用粗糙度样板测量比较不同切削深度下的粗糙度参数值 Ra。

6. 实验报告

(1)实验结果填入下表。

切削速度 V /(mm/min)	实验结果 Ra /μm	切削量 f /(mm/r)	实验结果 Ra /μm	切削深度 a_p /(mm/min)	实验结果 Ra /μm

(2)实验结果分析。

① 用实验值绘制 V-Ra、f-Ra、a_p-Ra 曲线图。

② 分析影响表面粗糙度的各种因素(V, f, a_p)的规律。

2.3.3 齿轮齿圈径向跳动误差的分析与测定实验

1. 实验目的

(1)增强齿轮加工误差的感性认识。

(2)学习齿轮径向跳动的测量方法。

2. 实验设备及工具

偏摆检测仪、标准测量头、待测齿轮。

3. 实验说明

1)仪器说明

本实验是在偏摆检测仪上测量齿轮齿圈径向跳动误差。偏摆仪的构造如图 2-25 所示。

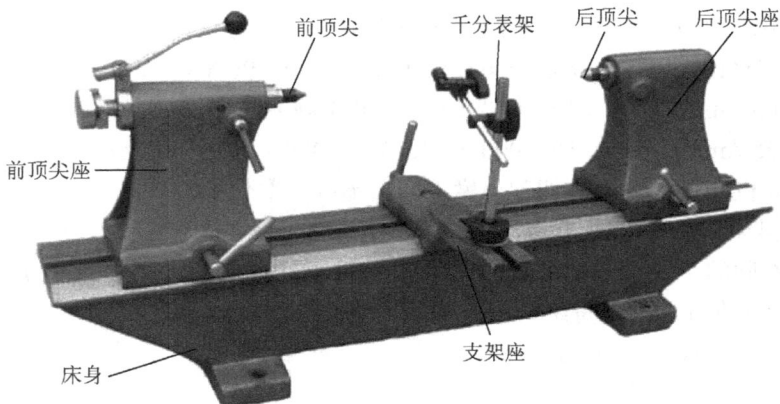

图 2-25 偏摆仪

偏摆检查仪主要用于检测轴类、盘类零件的径向圆跳动和端面圆跳动。偏摆仪由床身、前顶尖、前顶尖座、后顶尖、后顶尖座千分表架、支架座等主要部件组成，前、后顶尖座和支架座可沿仪器底座导轨面移动，并通过把手将其紧固在仪器座上，两个顶尖分别装在固定套管和活动套管内，按动杠杆便可活动套管后退，当放松杠杆时，活动套管又借弹簧的作用前移。

2) 测量原理

齿圈径向跳动的数值能反映齿轮几何偏心的大小，所以它与公法线长度变动量用来评定齿轮运动精度的高低。

齿轮径向跳动是指齿轮固定弦至齿轮回转中心的距离的最大变动量，如图 2-26 所示。

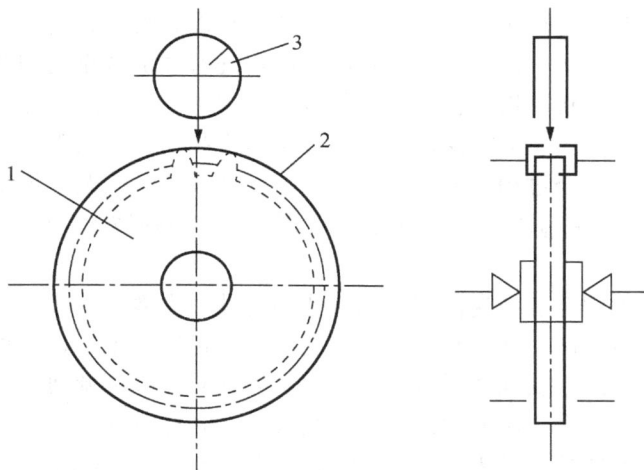

图 2-26　齿轮径向跳动测量

1-被测齿轮；2-齿顶圆轮廓；3-标准测量头

齿轮径向跳动的测量可用一圆柱体作为量头，测量此圆柱体相对于回转中心的距离的变动量，即齿轮径向跳动量。因为圆柱体与两齿侧面在固定弦齿厚处接触，切点连线即固定弦齿厚，所以齿轮径向跳动可用此圆柱体相对于齿轮回转中心的变动量来表示。

齿轮径向跳动也可以用锥角为 2α 的楔形量头来测量。本次实验用圆柱体作为量头。

4. 实验步骤

(1) 擦净仪器工作表面和被测零件表面，特别注意擦净顶尖头。

(2) 根据被测齿轮的宽度，移动前顶尖座和后顶尖座至相应位置，然后用手把加以固定。

(3) 将齿轮装在两顶尖上，此时应先按动杠杆，使装有后顶尖的套管退回；然后放松杠杆，借助弹簧的作用顶住齿轮。应保证齿轮与顶尖接触可靠，并且转动灵活。

(4) 紧固把手，使活动套管牢靠地固定住。

(5) 将作为量头用的圆柱体放入齿间，然后将千分表的量头和圆柱体接触，并给千分表一定的预压量。

(6) 用手转动齿轮，千分表指针的读数差最大值即齿轮的径向跳动误差。

(7) 记录数据。

(8) 评定合理性。

5. 实验报告

(1) 偏摆检查仪还可以检测什么零件？

(2) 采用锥角为 2α 的楔形量头与圆柱体量头，在测量时各有什么特点？

第3章　现代制造技术实验

制造技术是指按照人们所需的目的，运用知识和技能，利用客观物质条件，使原材料变成产品的技术总称。制造技术是制造业的技术支柱，是一个国家经济持续增长的根本动力。

现代制造技术是传统制造技术不断吸收机械、计算机、电子、信息、材料、能源及现代管理等技术成果，将其综合应用于产品设计、制造、检测、管理、售后服务等机械制造全过程，实现优质、高效、低耗、清洁、灵活生产，取得理想经济效果的制造技术的统称。它主要包括现代设计技术、现代制造工艺及自动化技术和现代制造系统管理技术。现代制造技术已不是一般所指加工过程的工艺方法，而是包含了从产品设计、加工制造到产品销售、用户服务等整个产品生命周期全过程的所有相关技术，涉及设计、工艺、加工自动化及管理等多个领域。它不仅需要相应的基础科学，还需要系统科学、控制技术、计算机技术、信息科学、管理科学以及社会科学等。

因此，对于机械工程专业来说，可以以现代制造技术为教学主线，精选相关领域的典型实验，以线串点，以点带面，使实践教学朝着能够体现机械、电子、计算机辅助技术等方向发展。同时，在教学实践中要强调系统性、综合性并针对工程溯源问题进行开发性训练，提高学生从大系统的角度综合运用所学知识来解决设计、制造过程中各阶段、各层次所出现的问题的能力，强调运用先进技术和实用技术解决工程问题的创新素质训练和培养。

综上所述，针对数控加工技术、CAD/CAM等典型现代制造技术，开发了相应的各类实验。

3.1　数控机床常用刀具、夹具实验

3.1.1　数控加工刀具认知实验

数控加工中的金属切削加工作为制造技术的主要基础工艺，对制造业和制造技术的发展起着十分重要的作用。工欲善其事，必先利其器。要高质量、高效率进行切削加工，就必须有高质量、高性能的生产工具。

金属切削刀具是用于直接对零件进行切削的刀具，刀具的性能和质量的优劣，不但直接影响切削加工精度、表面质量和加工效率，而且会影响金属切削加工工艺的发展。通过实验使学生增强对金属切削刀具的感性认识和体会，了解刀具的名称、分类方法、材料、参数、形状特征等内容。

1. 实验目的

通过实验使学生对各类金属切削刀具的结构能有一些基本的感性认识和体会，对刀具的分类方法、名称、材料等内容有所了解。

(1)了解常用刀柄与刀具的结构形式。

(2)掌握常用刀柄的安装与拆卸方法。

(3) 掌握刀具的安装与拆卸方法。

(4) 能够对多种刀具的结构进行对比分析和选型。

2. 实验内容

(1) 指出所见车刀、铣刀的类型和结构特点。

(2) 指出常用刀柄的选择原则。

(3) 完成典型铣刀、车刀的安装以及刀柄的安装。

(4) 指出所见拉刀的切削部分构成要素。

实验展示刀具分 6 类，如表 3-1 所示。

表 3-1　常用切削刀具

刀具分类	用途	刀　具　名
车刀类	加工轴、盘类零件	外圆车刀、内圆车刀、切断刀
铣刀类	加工平面、沟槽和回转体表面	平面铣刀、沟槽铣刀、成形铣刀、尖点铣刀和铲齿铣刀
孔加工类	加工孔	麻花钻、枪钻、扩孔钻、镗刀、铰刀
拉刀类	成形切削加工	圆孔拉刀、成形孔拉刀、键槽拉刀、花键拉刀、成形表面拉刀、齿轮拉刀
螺纹刀具类	加工螺纹表面	螺纹车刀、螺纹滚刀、螺纹滚压刀具、螺纹铣刀等
齿轮刀具类	加工齿轮	滚齿刀、插齿刀、剃齿刀、蜗轮滚刀和锥齿轮刀具

部分刀柄和刀具如图 3-1～图 3-6 所示。

图 3-1　车刀类刀具

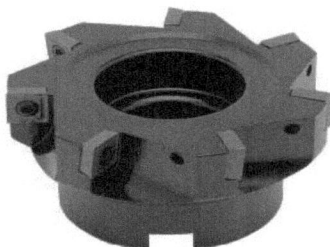

(a) 分体式平面铣刀　　　　　　　(b) 整体式立铣刀

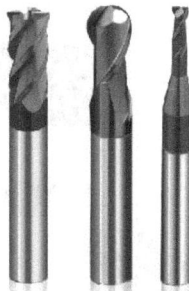

图 3-2　铣刀类刀具

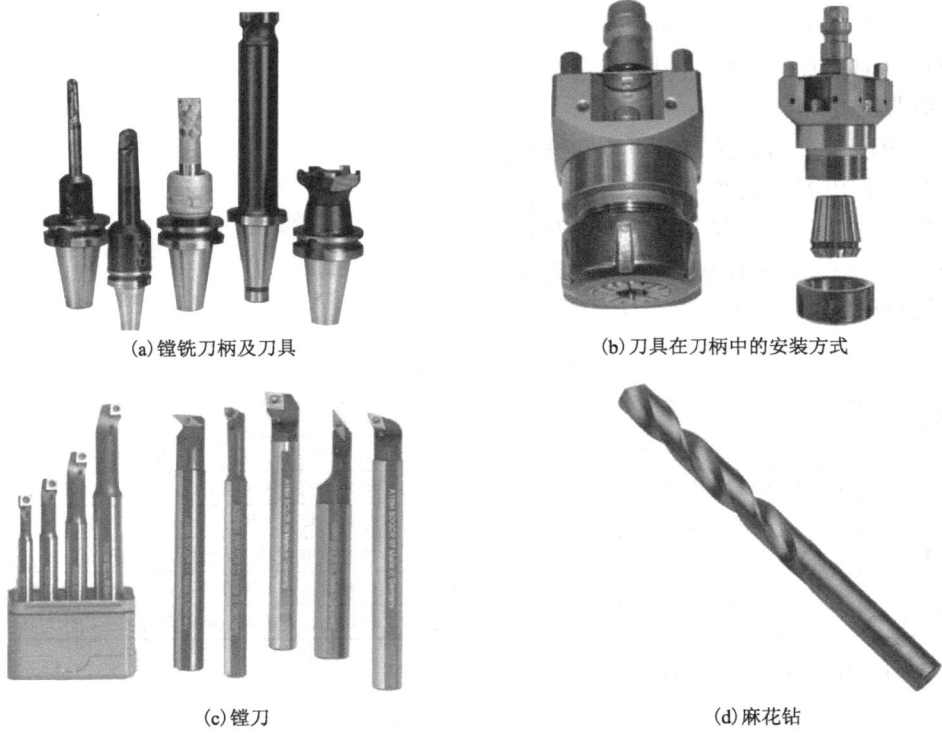

(a) 镗铣刀柄及刀具

(b) 刀具在刀柄中的安装方式

(c) 镗刀

(d) 麻花钻

图 3-3　孔加工类刀具

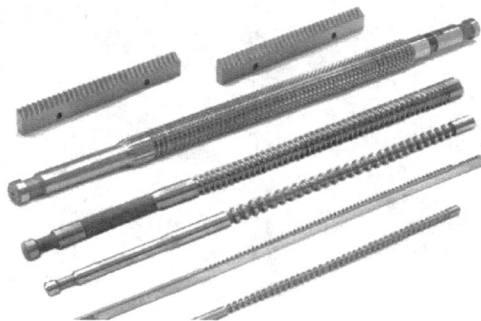

图 3-4　拉刀类

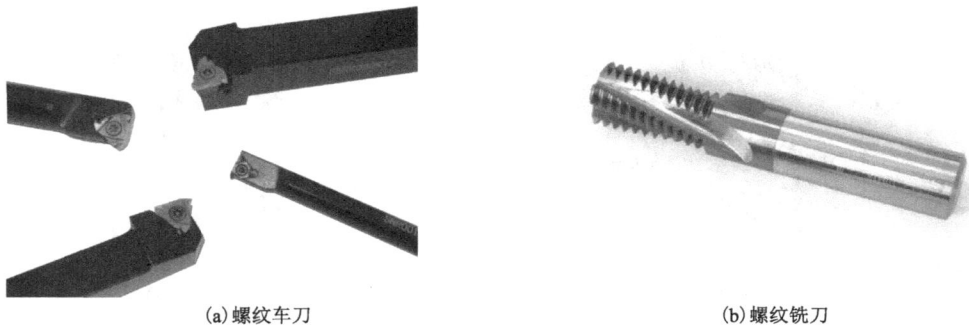

(a) 螺纹车刀

(b) 螺纹铣刀

图 3-5　螺纹刀具类

(a)滚齿刀　　　　　　　　　　　　　　　　　　(b)剃齿刀

图 3-6　齿轮加工类

3. 实验基本步骤

(1)实验指导教师讲解刀柄与刀具认识实验的目的和要求，并进行安全教育。

(2)实验指导教师讲解典型数控加工刀柄与刀具的结构。

(3)在实验教师的指导下，学生将铣刀安装在刀柄上，并将刀柄安装在机床上；将车刀安装在机床刀架上。

(4)实验指导教师指导学生分析几种典型机械加工刀具的选择方法。

(5)学生自己设计 2 种车刀结构。

4. 实验要求

实验中，要求学生能在指导教师的讲解和辅导下，达到下述要求。

(1)熟悉实验台摆设的刀柄、刀具类型及其名称和用途。

(2)能识别各类刀具几何结构特征和参数，掌握其中两把刀具的切削部分构成要素。

(3)掌握典型刀柄与刀具的用途、特点、装夹方式、使用要求等。

5. 思考题

(1)简要叙述麻花钻头和铰刀的结构，分析它们之间的异同点，并说明这些刀具的使用情况。

(2)简要叙述各类铣刀(包括立铣刀、卧铣刀、T 形铣刀和端面铣刀)的结构，分析它们之间的异同点，并说明这些刀具的使用情况。

(3)简要叙述拉刀的结构，简要说明使用拉刀加工零件时的加工过程，包括拉刀的安装、工件的准备和被加工零件的形状等方面的内容。

(4)简要叙述常用镗铣刀刀柄的结构。

3.1.2　数控加工典型夹具的定位与夹紧实验

1. 实验目的

(1)了解数控机床典型夹具的定位与夹紧原理及方法，掌握夹具的安装、调整和使用方法。

(2)通过几个典型零件的定位与夹紧来分析夹具的定位与夹紧原理及方法。

2. 实验装置及工量具

(1)实验装置：孔系列组合夹具(图 3-7)，三爪卡盘(图 3-8)，四爪卡盘(图 3-9)，平口钳(图 3-10)，压板、台阶式垫块、T 形螺栓(图 3-11)，跟刀架(图 3-12)，顶尖(图 3-13)。

（2）工量具：常用工具、量具一套。

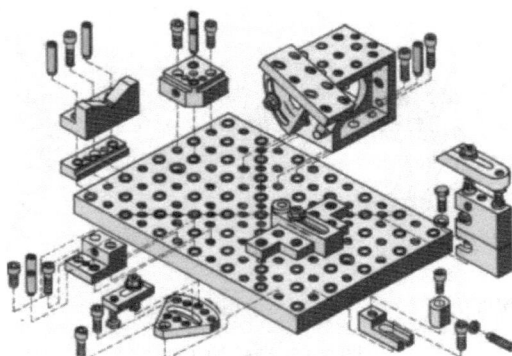

图 3-7　孔系列组合夹具

图 3-8　三爪卡盘

图 3-9　四爪卡盘

图 3-10　平口钳

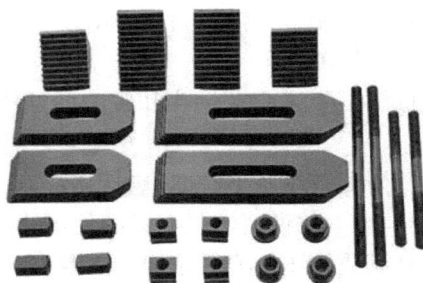

图 3-11　压板、台阶式垫块、T 形螺栓

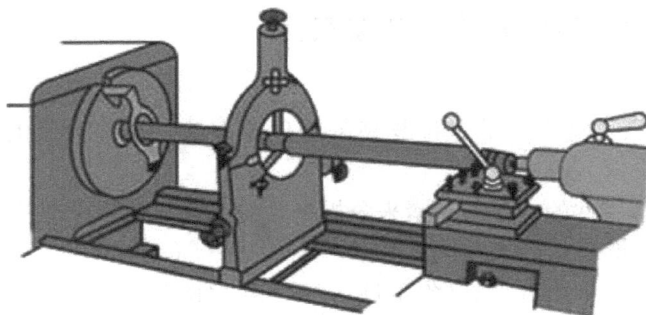

(a)车削中的跟刀架

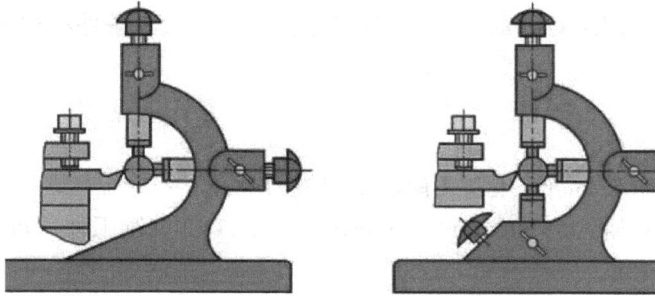

(b)跟刀架工作示意图

图 3-12　跟刀架

图 3-13　顶尖

3. 实验内容

(1)认识各种典型夹具，观察夹具的结构，认识其组成(定位元件、夹紧装置、夹具体等)，了解它们的功用。

(2)掌握车床典型夹具的安装、找正方法；掌握铣床典型夹具的安装、找正方法；掌握孔系列组合夹具的使用方法。

4. 实验步骤

(1)认识并区分几种典型夹具，了解其名称及功能。

(2)每个实验小组选择一种典型夹具进行拆装，了解该夹具的结构特征。

(3)观察其余实验组拆装的情况，了解其余夹具的结构特征。

(4)使用卡盘、平口钳和组合夹具分别完成指定工件的装夹。

(5)分析定位与夹紧原理。

(6)拆卸工件。

(7)清理实验设备、装置、工量具及实验台。

5. 注意事项

(1)在装夹工件时，必须使用该夹具配套的专用工具。

(2)装夹工件时，注意操作安全。

3.2　数控加工切削用量选取实验

3.2.1　数控铣切削用量选取实验

1. 实验目的

(1)了解数控铣切削用量对加工精度、表面粗糙度、刀具寿命以及断屑的影响。

(2)掌握数控铣各切削用量的物理含义及其相互的影响关系。

(3)熟悉数控铣切削用量的选取原则，能够根据工件的加工条件和加工要求合理选择切削用量。

2．实验条件

(1)设备：数控铣床。

(2)工具：游标卡尺、百分表与表座、常用铣刀等。

(3)材料：尺寸规格约为 100mm×80mm×60mm 的 45 钢制工件，每小组 1 件。

3．实验内容

仔细阅读数控铣床说明书，注意机床说明书给定的允许切削用量范围。借助机床说明书、切削用量表、标准工具和夹具手册等资料，根据被加工工件的材料、轮廓形状、表面粗糙度、加工精度等因素，制定加工方案，选取合适的刀具、切削用量。

4．实验步骤

(1)根据给定的加工工件进行工艺分析，确定加工顺序及各部分所使用的刀具。

(2)由加工余量和对表面质量的要求选取背吃刀量或侧吃刀量。

(3)在保证表面质量的前提下，根据零件的表面粗糙度、刀具及工件材料等因素，查阅切削用量手册选取、确定机床的进给速度。

(4)根据已经选定的背吃刀量、进给量及刀具耐用度确定切削速度，计算刀具转速。

(5)采用以上选取的切削用量在数控机床上对工件进行加工。

(6)清理实验设备、装置、工量具及实验台。

5．思考题

(1)数控加工中主轴转速如何确定？

(2)切削用量中，进给速度和切削速度的区别是什么？

(3)顺铣和逆铣是什么？各有何优缺点？

3.2.2　数控车切削用量选取实验

1．实验目的

(1)了解数控车切削用量对加工精度、表面粗糙度、刀具寿命以及断屑的影响。

(2)掌握数控车各切削用量的物理含义及其相互的影响关系。

(3)熟悉数控车切削用量的选取原则，能够根据工件的加工条件和加工要求合理选择切削用量。

2．实验条件

(1)设备：数控车床。

(2)工具：游标卡尺、百分表与表座、常用车刀等。

(3)材料：尺寸规格约为 φ60×120 的 45 钢制棒料，每小组 1 件。

3．实验内容

仔细阅读机床说明书，注意机床说明书给定的允许切削用量范围。借助机床说明书、切削用量表、标准工具和夹具手册等资料，根据被加工工件的材料、轮廓形状、表面粗糙度、加工精度等因素，制定加工方案，选取合适的刀具、切削用量。

4．实验步骤

(1)对给定的加工工件进行工艺分析，确定加工顺序及各部分所使用的刀具。

（2）由加工余量和对表面质量的要求选取背吃刀量或侧吃刀量。

（3）在保证表面质量的前提下，根据零件的表面粗糙度、刀具及工件材料等因素，查阅切削用量手册选取、确定机床的进给速度。

（4）根据已经选定的背吃刀量、进给量及刀具耐用度确定切削速度，计算工件转速。

（5）采用以上选取的切削用量在数控机床上对工件进行加工。

（6）清理实验设备、装置、工量具及实验台。

5．思考题

数控车削的进给速度单位是什么？与数控铣削进给速度单位的区别是什么？

3.3　计算机辅助工艺设计编制实验

1．实验目的

（1）熟悉 CAXA 工艺图表软件的功能及操作。

（2）能利用 CAXA 工艺图表软件进行机械加工工艺设计。

2．实验内容

CAXA 工艺图表是北京数码大方科技股份有限公司（CAXA）的产品，在中国国内有较高的市场份额。CAXA 工艺图表具有系统的工艺编制软件平台，具有多文档、多环境的特点，依据中国机械设计的国家标准和使用习惯，提供专业化的强大功能，并且提供标准、规范的工艺模板、工艺资源知识，将繁重的工艺工作变得简单轻松。同时，CAXA 工艺图表搭配"工艺汇总表模块"应用，用户可对 CAD 图纸文件、工艺文件进行信息提取汇总，从而快速地统计、汇总并输出各式 BOM 清单。

本实验软件采用 CAXA 工艺图表完成零件的机械加工工艺编制。

3．实验要求

（1）以给定的轴承套零件加工工艺路线为例，理解机械零件的加工工艺设计方法。

（2）编制给定的数控加工工艺规程文件，以"班级－学号"作为零件图号建立零件工艺文件编号。

4．实验步骤

（1）教师先讲解 CAXA 的功能和操作方法，学生跟随教师一起学习，掌握软件的基本功能和使用方法。

（2）学生以图 3-14 所示的轴承套零件为例，理解表 3-2 所示的轴承套零件加工工艺。

（3）利用 CAXA 软件的工艺文件格式，编制图 3-15 和图 3-16 所示的零件加工工艺，选择合适的刀具，选择合理的主轴转速、进给速度和切削深度。

5．思考题

（1）零件机械加工过程中，热处理一般安排在哪个工序？

（2）机械加工工艺文件包括哪些文件？

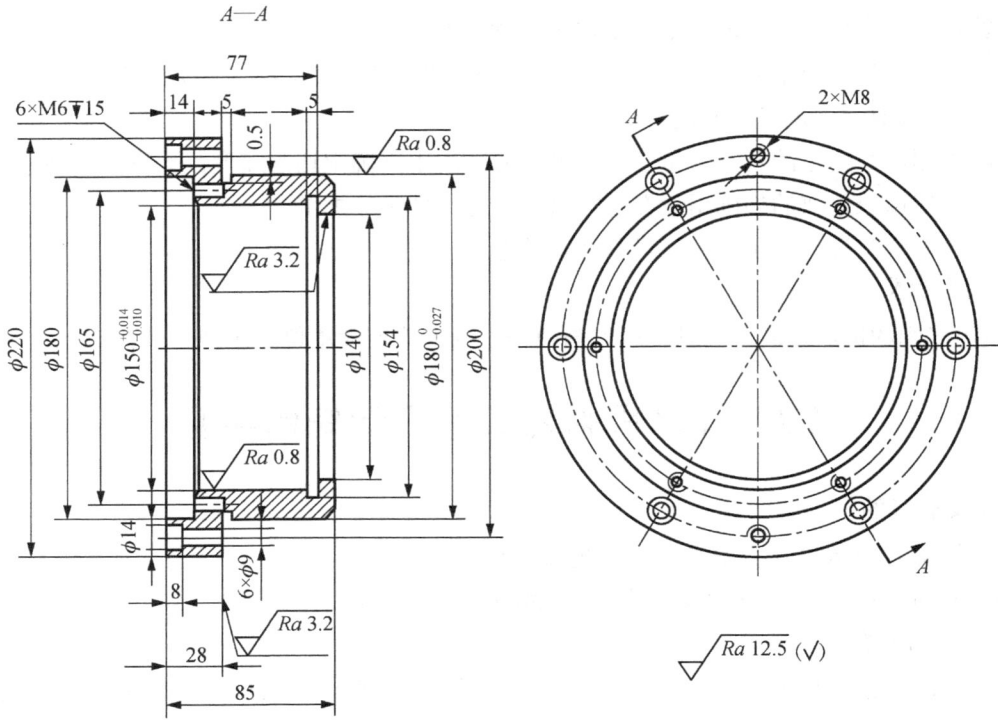

图 3-14　轴承套零件图

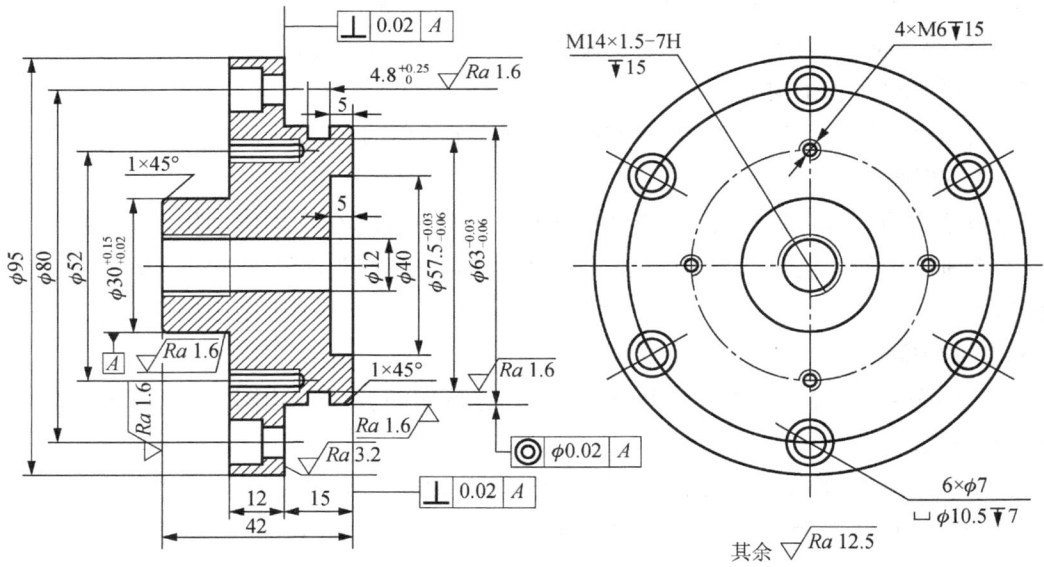

图 3-15　缸盖零件图

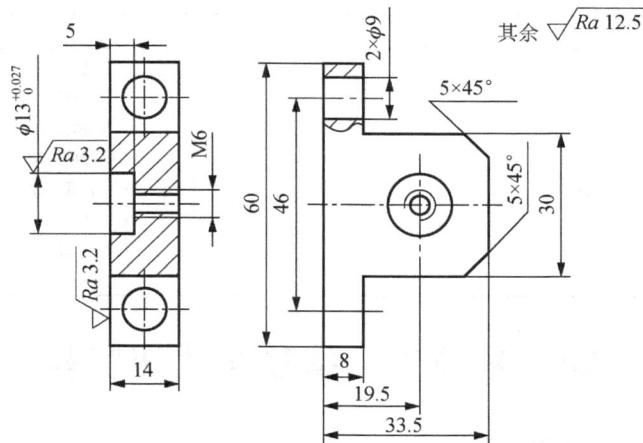

图 3-16　轴承座零件图

表 3-2　轴承套零件加工工艺规程

序号	工序内容	设备及刀夹具	量具
10	粗车工序 1. 装夹 2. 车端面至光 3. 车外圆φ220 至φ221.4(0，−0.29) 4. 车内孔φ140 至φ138.7(0.252，0) 5. 车内孔φ150(0.014，−0.01)至φ147.9(0.252，0) 6. 车台肩面保持尺寸 77 至 76.4(0.186，0) 7. 车内孔φ180 至φ178.7(0.252，0) 8. 车台肩面保持尺寸 14 9. 调头装夹 10. 车端面保持尺寸 85 至 87(0，−0.217) 11. 车外圆φ180(0，−0.027)至φ182(0，−0.29) 12. 车台肩面保持尺寸 28 至 30.5(0，−0.156)	C630 三爪自定心卡盘	
20	半精车工序 1. 装夹 2. 车端面保持尺寸 85 至 86(0，−0.087) 3. 车外圆φ220 4. 倒角 5. 车内孔φ180 6. 车台肩面保持尺寸 14 7. 车内孔φ150(0.014，−0.01)至φ149.2(0.161，0) 8. 车台肩面保持尺寸 77 至 76.4(0.119，0) 9. 车内孔φ140 10. 倒角 11. 车退刀槽 12. 调头装夹 13. 车端面保持尺寸 85 14. 车外圆φ180(0，−0.027)至φ180.6(0，−0.116) 15. 车台肩面保持尺寸 28 至 28.5(0，−0.052) 16. 倒角 17. 车退刀槽	C630 三爪自定心卡盘	不全型塞规φ180 不全型塞规φ149.2 不全型塞规φ140

续表

序号	工序内容	设备及刀夹具	量具
30	钻削工序 1. 装夹 2. 钻轴向孔 6×M6 至 ϕ5 3. 攻螺纹 6×M6 4. 钻轴向孔 2×M8 至 ϕ6.7 5. 攻螺纹 2×M8 6. 钻轴向孔 6×ϕ9 7. 锪沉孔 6×ϕ14	Z515 钻模 直柄麻花钻 ϕ5 机用丝锥 M6 直柄麻花钻 ϕ6.7 机用丝锥 M8 直柄麻花钻 ϕ9 锥柄锪钻 ϕ14	

3.4　数控手工编程与试切实验

3.4.1　数控铣编程与试切实验

1. 实验目的

(1)通过上机实验巩固数控铣指令,掌握数控铣手工编程方法。

(2)掌握 EXSL-WIN7 软件的编程及仿真等主要功能。

(3)通过数控机床模拟键盘的操作,学习数控机床的操作方法。

2. 实验设备或软件

数控编程仿真软件 EXSL-WIN7,三坐标数控铣床。

3. 实验原理

根据零件形状确定零件加工工序和刀具运动轨迹,再根据西门子 SINUMERIK 840D 数控系统对 G 功能、M 功能等各指令功能的规定,编写零件的数控铣削加工程序,并在 EXSL-WIN7 软件上模拟仿真刀具的运动轨迹和零件的加工情况。

1)常用的 G 代码

G00——快速定位;

G01——直线插补;

G02——顺时针圆弧插补;

G03——逆时针圆弧插补;

G17——XY 平面;

G18——XZ 平面;

G19——YZ 平面;

G33——车螺纹;

G40——取消刀具半径补偿;

G41——刀具半径左补偿;

G42——刀具半径右补偿;

G53——取消工件坐标系;

G54～G59——定义工件坐标系;

G90——绝对坐标编程;

G91——相对坐标编程。

2）常用的 M 代码

M02—程序结束；

M03、M04、M05—主轴正转、反转、停；

M06—换刀；

M07、M08—2 号、1 号切削液开；

M09—切削液停；

M10、M11—运动部件的夹紧及松开；

M30—程序结束。

4．实验要求

（1）实验前预先根据所给零件图纸编写数控铣程序。

（2）实验中，在软件 EXSL-WIN7 的编辑状态下，输入零件的数控铣削程序，进行语法检查，模拟仿真加工情况。

（3）实验后提交实验报告。

5．实验特点

在计算机上模拟仿真刀具铣削零件的过程，可以直观地判断所编程序的正确性，可作为零件在机床上加工前的一种程序检查手段，在很大程度上可以代替通过零件试切校验程序的方法，且省时、快捷。

6．实验内容

手工编写以下零件的数控铣削程序，并在 EXSL-WIN7 软件上仿真，观察刀具的模拟运动轨迹与零件的模拟加工情况，修改程序的错误之处。

（1）编制图 3-17 所示零件的铣削精加工程序，零件厚度为 20，尺寸单位为 mm。

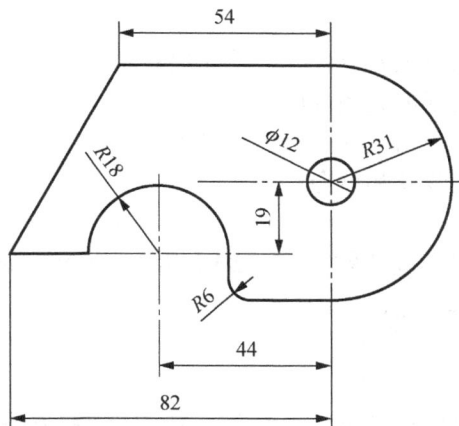

图 3-17　铣削加工零件 1

（2）编制图 3-18 所示零件的铣削精加工程序，尺寸单位为 mm。

7．实验步骤

（1）根据零件图纸确定加工工艺、工序。

（2）开机运行 EXSL-WIN7 软件，在 EDIT 状态下，选择刀具、毛坯形状及尺寸、选择工件坐标系原点、选择起刀点。

（3）在 EXSL-WIN7 软件编辑状态下输入数控加工程序，并保存。

(4)运行所编程序进行仿真，根据软件提示，修改错误之处，若程序无误，加工过程仿真开始。

(5)观察刀具相对于工件的运动，体会每个数控代码的含义。

(6)选择部分学生所编制的程序，在教师的指导下，在三坐标数控铣床上运行，进行试切实验。

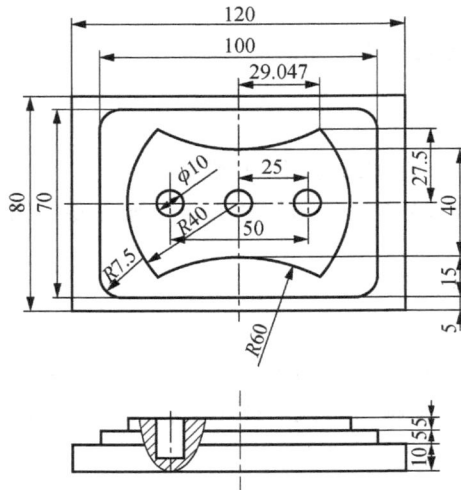

图 3-18　铣削加工零件 2

8．实验报告要求

(1)编程零件图纸。

(2)采用的软件名称。

(3)工件坐标系原点、刀具型号及尺寸、毛坯尺寸。

(4)打印经过仿真检查无误的数控程序。

(5)指出自己编程时何处出错，并分析出错原因。

(6)通过本次实验有哪些收获和体会。

9．实验考核要求

实验考核总体分为三部分：①实验预编程：20%；②实验操作：60%；③实验报告质量：20%。

3.4.2　数控车编程与试切实验

1．实验目的

(1)通过上机实验巩固数控车指令，掌握数控车手工编程方法。

(2)掌握 EXSL-WIN7 软件的编程及仿真等主要功能。

2．实验设备或软件

计算机及数控编程仿真软件 EXSL-WIN7，数控车床。

3．实验原理

根据零件形状确定零件加工工序和刀具运动轨迹，再根据西门子 SINUMERIK 840D 数控系统对 G 功能、M 功能等各指令功能的规定，编写零件的数控车削加工程序，并在 EXSL-WIN7 软件上模拟仿真刀具的运动轨迹和零件的加工情况。

4. 实验要求

（1）实验前预先根据所给零件图纸编写数控车程序。

（2）实验中，在软件 EXSL-WIN7 的编辑状态下，输入零件的数控车削程序，进行语法检查，模拟仿真加工情况。

（3）实验后提交实验报告。

5. 实验特点

在计算机上模拟仿真刀具车削零件的过程，可以直观地判断所编程序的正确性，可作为零件在车床上加工前的一种程序检查手段，在很大程度上可以代替通过零件试切校验程序的方法，且省时、快捷。

6. 实验内容

手工编写以下零件的数控车削程序，并在 EXSL-WIN7 软件上仿真，观察刀具的模拟运动轨迹与零件的模拟加工情况，修改程序的错误之处。

（1）编制图 3-19 所示零件的车削精加工程序，尺寸单位为 mm。

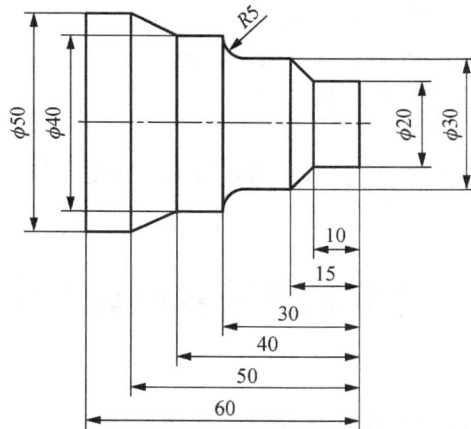

图 3-19　车削加工零件 1

（2）编制图 3-20 所示零件的车削精加工程序，尺寸单位为 mm。

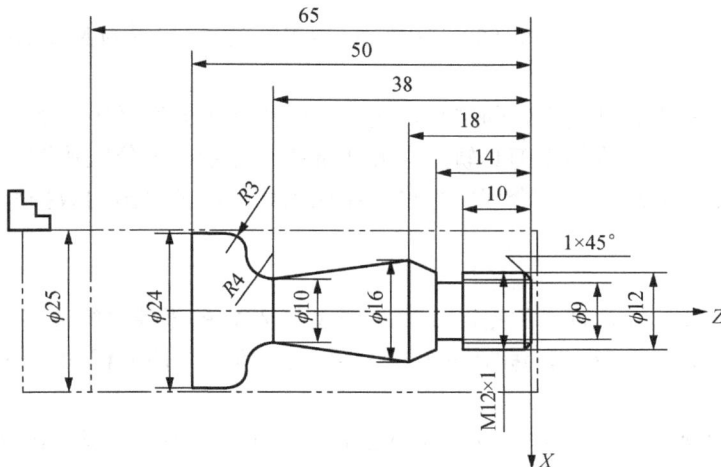

图 3-20　车削加工零件 2

7. 实验步骤

(1) 根据零件图纸确定加工工艺、工序。

(2) 开机运行 EXSL-WIN7 软件，在 EDIT 状态下，选择刀具、毛坯形状及尺寸、选择工件坐标系原点、选择起刀点。

(3) 在 EXSL-WIN7 软件编辑状态下输入数控加工程序，并保存。

(4) 运行所编程序进行仿真，根据软件提示，修改错误之处，若程序无误加工过程仿真开始。

(5) 观察刀具相对于工件的运动，体会每个数控代码的含义。

(6) 选择部分学生所编制的程序，在教师的指导下，在数控车床上运行，进行试切实验。

8. 实验报告要求

(1) 编程零件图纸。

(2) 采用的软件名称。

(3) 工件坐标系原点、刀具型号及尺寸、毛坯尺寸。

(4) 打印经过仿真检查无误的数控程序。

(5) 指出自己编程时何处出错，并分析出错原因。

(6) 通过本次实验有哪些收获和体会。

9. 实验考核要求

实验考核总体分为三部分：①实验预编程：20%；②实验操作：60%；③实验报告质量：20%。

3.5　计算机辅助数控编程实验

1. 实验目的

(1) 掌握利用 MasterCAM 软件编制数控加工程序的方法。

(2) 理解计算机辅助编制数控加工程序的内容和步骤。

(3) 理解 CAD/CAM 集成的概念，掌握 CAD/CAM 软件集成的方法。

2. 实验设备和软件

计算机 30 台，操作系统：Windows 7/Windows XP，软件配置为 MasterCAM 软件。

3. 实验原理

根据所给零件利用软件进行几何造型，选择合理的加工方案及工艺参数并输入软件；软件利用这些输入的信息生成加工刀具轨迹，并在屏幕上显示出刀位轨迹图形；操作者通过观察判断加工轨迹是否合理，对不合理之处进行相应的修改；把输出的数控程序改写成西门子 840D 的格式。

4. 实验内容

(1) 利用 MasterCAM 软件，根据图 3-17～图 3-20 给定的零件进行造型。

(2) 利用 MasterCAM 软件，编制图 3-17～图 3-20 所示零件的粗加工与精加工数控加工程序。

(3) 学生利用 CAXA 或 AutoCAD 制作自己名字的 dwg 文件，利用 MasterCAM 软件读入该文件，编制自己名字的铣削程序。

5. 实验步骤

(1) 打开 MasterCAM 或 CAXA 等软件，完成零件的几何造型。

(2) 在 MasterCAM 软件运行环境中，选择刀具及尺寸、毛坯形状及尺寸、选择起刀点、切削参数等与编程有关的参数。

(3) 生成零件加工轨迹，并观察计算机模拟加工情况，修改不合理之处。

(4) 打开所生成的数控加工程序，对照加工轨迹分析程序的结构。

(5) 完成自己名字的数控铣编程，模拟刀路轨迹，生成数控程序。

6. 实验特点

实验所用 MasterCAM、CAXA 等软件为商业化 CAD/CAM 软件，通过实验学生可以掌握计算机辅助数控编程。此实验是操作性较强的实验，若预先掌握数控编程内容与步骤，需要较短时间即可掌握该软件的使用。

7. 实验报告要求

(1) 指出编程所采用的刀具型号及尺寸、毛坯尺寸、选择起刀点、切削参数等与编程有关的参数。

(2) 指出所生成的数控程序中所有 G 代码和 M 代码的含义。

(3) 打印加工零件的刀位轨迹截图、加工结果截图以及名字的加工结果截图，并在截图后附上相应的数控程序，分两栏打印。

(4) 通过本次实验有哪些收获和体会。

8. 实验考核要求

实验考核总体分为两部分：①实验操作：70%；实验分两次进行，每次为 2 小时。第一次完成两个数控铣零件以及自己名字的自动编程；第二次完成两个数控车零件的自动编程，由教师检查实验结果，并给出成绩。②实验报告质量：30%。

第4章 机械工程测试技术实验

科学技术和机械工业的发展离不开测试，任何科学理论的论证都要通过大量的测试，对获取的数据进行分析来验证理论的正确性和可靠性。机械工业向自动化发展，必须在生产过程中通过各种参数的测量、分析，从而对生产过程进行监视与控制，才能保证产品的质量和生产的效率。测试是测量与实验的总称，是人们借助于一定的装置，获取被测对象有相关信息的过程。测量是指使用专门的技术工具通过实验来获取被测量的量值；实验是在获取测量值的基础上，借助于人、计算机或一些数据分析与处理系统，从被测量中提取被测量对象的有关信息。

作为机械工程专业的学生，熟悉测试系统基本特性和设计步骤、掌握基本参数的测试方法，能利用传感器知识及计算机等设备针对各种常见的机械量构建测试系统，是机械工程行业对人才培养的要求，也是培养学生工程实践能力的要求。

为此，本章开发了与机械工程测试技术相关的3个实验，包括压力传感器静态标定实验、扭矩测试系统设计实验和转速、温度及功率测试综合实验。

4.1 压力传感器静态标定实验

在设计、制造和使用传感器的过程中，都需要了解它的特性指标和精度，以便评价它的质量和能够进行正确的选择。

传感器的静态特性指标主要是指非线性、滞后和重复性。这些性能指标是通过对传感器的静态校准而获得的。传感器的静态校准通常是在专用的校准设备上对传感器逐级、连续进行多次加载卸载循环，然后对取得的校准数据进行数学处理，就可确定传感器特性指标。

1. 实验目的

通过实验使学生对传感器的静态特性指标有更深的认识和体会，掌握确定压力传感器的静态特性指标的能力，具体包括以下内容。

(1)了解压力传感器静态标定原理。

(2)掌握压力传感器静态标定方法。

(3)确定压力传感器静态特性参数。

2. 实验设备和工具

实验设备和工具如图4-1所示。

(1)活塞式压力计(型号：YS/YU-600型)。

(2)标准压力表(精度：0.4级，量程：0～10MPa)。

(3)被标定的压力传感器(型号：AF1800，量程：0～10MPa)。

(4)标准砝码。

(5)数字万用表。

(6)工作液体(蓖麻油)。

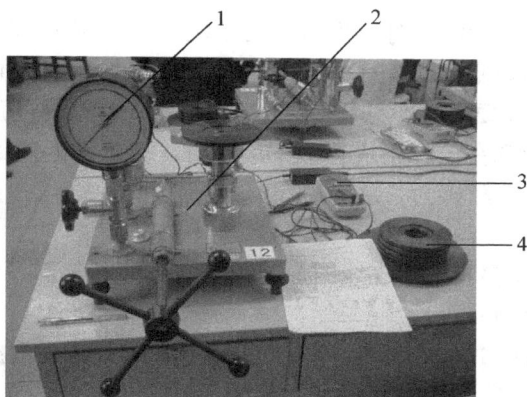

图 4-1　实验设备和工具

1-标准压力表；2-活塞式压力计；3-数字万用表；4-标准砝码

3. 实验内容

传感器的标定就是通过实验建立传感器输入量和输出量之间的关系，同时也确定出不同使用条件下的误差关系。压力传感器的静态标定，主要指通过一系列的标定曲线得到其静态特性指标：非线性、迟滞、重复性和精度等。

活塞式压力计的结构原理如图 4-2 所示。

测量活塞以及砝码的重力与螺旋压力发生器共同作用于密闭系统内的工作液体，当系统内工作液体的压力与此重力相平衡时，测量活塞将被顶起而稳定在活塞筒内的平衡位置上。这时有压力平衡关系如下：

$$p = \frac{1}{A}(m + m_0)g \tag{4-1}$$

式中，p 为系统内的工作液体压力；m 与 m_0 分别为活塞与砝码的质量；g 为重力加速度；A 为测量活塞的有效面积，对于一定的活塞压力计，A 为常数。

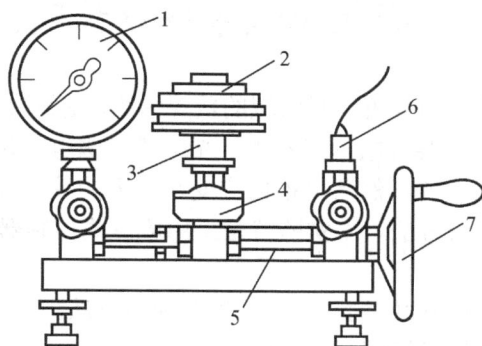

图 4-2　活塞式压力计

1-压力表；2-砝码；3-油缸及活塞；4-油杯；5-压力；6-压力传感器；7-手轮

在承重托盘上换不同的砝码，通过手轮推动工作活塞，工作液体就可处于不同的平衡压力下，因此可以方便而准确地由平衡时所加的砝码和活塞本身的质量得到压力 p 的数值。此压力可以作为标准压力，用以校验压力传感器，就可以通过比较压力传感器测量的压力值和标准表上的示值进行校准，对压力传感器进行静态标定。

　　在实验过程中，在正行程测量时，当压力由 5MPa 增加到 6MPa 需要更换大砝码时，一定要将工作液体的压力值降低到 1MPa 以下后才能进行更换操作；同样在反行程测量时，压力由 6MPa 降低到 5MPa 需要更换小砝码时，也一定要将工作液体的压力降低到 1MPa 以下后才能进行更换操作。当活塞在油杯中进行上下运动时，要保持活塞处在一定的旋转状态以减少由于活塞与油杯壁之间的摩擦力，从而减小其造成的测试误差。

4．实验步骤

（1）根据实验设备设计实验电路连线图，装配、检查各种仪器、传感器及压力表。

（2）检查实验电路及油路。

（3）对压力传感器进行加载、卸载实验。分别记录加载、卸载数据。加载卸载循环次数通常为 3～5 次。一次循环的参考数据表可参考表 4-1 和表 4-2。

表 4-1　压力传感器标定加载实验记录

压力表压力/MPa	0	1	2	3	4	5	6	7	8	9
压力传感器电压/V										

表 4-2　压力传感器标定卸载实验记录

压力表压力/MPa	9	8	7	6	5	4	3	2	1	0
压力传感器电压/V										

　　（4）分析、计算、处理实验数据，做出压力传感器的静态特性图，计算非线性、迟滞、重复性。

（5）用方和根法计算系统误差。

5．思考题

（1）对压力传感器进行静态标定的原理是什么？

（2）在实验的加压过程中，为什么要使活塞处于旋转状态？

4.2　扭矩测试系统设计实验

　　测定构件的扭矩是实验应力分析学科领域的重要内容，是解决工程强度问题的主要手段，扭矩传感器测量元件的类型主要有电阻应变式、光电式、磁电式扭矩传感器；采用电阻应变片和应变仪测定构件的表面应变，然后再根据应变与应力的关系公式确定构件表面应力状态是一种最常见的实验应力分析方法。本实验就是采用应变式传感器对扭矩参量进行测试。

1．实验目的

（1）了解应变式扭矩传感器的结构、工作原理及使用方法。

（2）掌握扭矩检测系统设计过程及信号处理的方法。

（3）掌握单片机数据采集系统设计及数据处理方法。

2．实验设备和工具

（1）扭矩传感器实验模板。

（2）扭矩传感器。

（3）砝码（每枚 50g，共 10 枚）。

（4）单片机开发系统及单片机用户应用板。

(5) 放大器芯片、各种阻值的电阻等电子元器件。

(6) 标准±4V、±15V 直流稳压电源。

(7) 数字万用表。

(8) 计算机。

3. 实验内容

实验中采用应变式扭矩传感器测量扭矩，通过电桥电路及转换放大电路将物理量——力的变化转换为电压量的变化，通过放大电路将电压信号放大到符合单片机数据采集要求的 0～5V 信号。用单片机的 A/D 转换电路采集电压信号，在 PC 上编写数据采集程序、数据处理程序、工程量变换程序、显示程序，最终在单片机系统中显示出扭矩值。

扭矩传感器的结构原理：基于应变式传感器的工作机理，弹性体采用轮辐式结构，当轮辐式结构十字梁的方孔上受到外加扭矩 M 作用时，外圆周边固定的十字梁中心点受到的扭矩为：$M_2 = F_2 \times l_2$。其中：l_2 为十字梁等效受力长度。在 F_2 力的作用下每根辐射条受力后产生应变，它被传递并被转换成粘贴在两根辐射条上、下面的四片电阻应变片的阻值变化，经组成全桥，桥路输出量则反映了被测的扭矩值。

扭矩传感器转换电路如图 4-3 所示，扭矩传感器的电桥四端为 a、b、c、d，若测量 ac、cb、bd、da，其电阻值为 262.5Ω，而测量 ab、cd，其电阻值为 350Ω，则组成的电桥是正确的。实验中扭矩传感器实验模板上的 a、b、c、d 四个端子，分别接扭矩传感器上的四个端子。

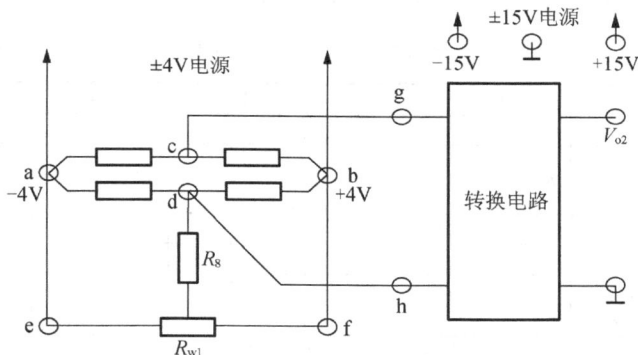

图 4-3　扭矩传感器转换电路图

设计扭矩传感器转换电路、放大电路和单片机数据采集系统；编写单片机数据采集及处理程序，按图 4-4 所示顺序连接实验系统，完成扭矩的测量和显示。

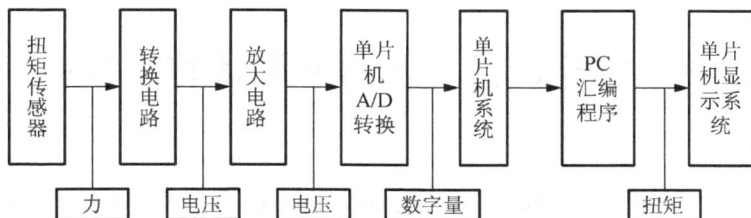

图 4-4　实验系统连接框图

4. 实验步骤

(1)根据实验要求,设计实验系统的硬件电路连接图。连接硬件电路时一定要将地线接好,实验中接线及查线时一定要将电源断开。

(2)连接扭矩传感器及其调理电路,并按实验要求调节测量电路的零点。进行力的检测,力乘以力臂值,得到扭矩值,对应各个扭矩点,测量出输出电压,以验证扭矩检测电路。测量依次增加砝码时 V_{o2} 的输出电压值,并记录。

(3)根据 V_{o2} 的输出电压值,计算当砝码从 0～250g 变化时,要求输出电压为 0～5V 量程的放大倍数。

(4)设计并搭建放大电路,选取电阻放大电路电阻的阻值,使之满足放大倍数的要求。测量放大器的输出电压 V_{out},并记录,参考数据表见表 4-3。

(5)搭建单片机数据采集系统。通过单片机进行数据采集,并对比已知扭矩标准量,以验证测试系统的正常工作。

(6)进行实验,给出连续变化的扭矩参量,使系统进行连续的扭矩参量的测量并进行数据记录。

(7)分析、计算、处理实验数据,采用相应的数据处理方法以减小随机误差及系统误差。

(8)软件实现工程量变换,在单片机用户板的数码管上显示扭矩值。

表 4-3　实验数据记录表

砝码重量/g	0	50	100	150	200	250
传感器输出电压 V_{o2}/V						
R_1=? R_2=? 放大倍数 $K=-\dfrac{R_2}{R_1}$	R_1=	R_2=	K=			
放大器放大后电压 V_{out}/V						
单片机采集的十六进制数(H)						
应显示的扭矩值/(10^{-2}N·m)	0	5	10	15	20	25
实际显示的扭矩值/(10^{-2}N·m)						
扭矩值=力×力臂,该实验取力臂为100mm						

5. 思考题

(1)简述应变式扭矩传感器的工作原理。

(2)对扭矩参数进行测试,还可以采用哪些类型的传感器?

4.3　转速、温度及功率测试综合实验

1. 实验目的

(1)通过内燃机性能参数的具体测量,掌握和了解各种传感器在工程实际测量中的应用。

(2)了解内燃机的主要性能参数及其测试方法。

2. 实验设备和工具

(1) 226B6 缸柴油发动机。

(2) CW150 电涡流测功机及其控制系统。

(3) 磁电式转速传感器 1 只。

(4) 热电偶温度传感器 1 只。

(5) 涡轮式流量传感器 2 只。

3. 实验内容

实验采用稳态工况实验法，即实验时保持发动机转速、转矩稳定不变，测量该状态下的转矩、转速、燃油消耗量、排气温度等参数。

发动机负荷从空负荷至最大负荷逐步增加负载，并在不同的负荷工况点，逐一测定发动机转矩、转速、燃油消耗量、排气温度等参数。

实验过程中给发动机加负荷时，应缓慢平稳加载。发动机功率 P_e、燃油消耗率 b_e 应根据如下公式计算。

$$P_e = \frac{T_t \times n}{9550} \quad (\text{kW}) \tag{4-2}$$

式中，P_e 为发动机功率，kW；T_t 为扭矩，N·m；n 为转速，r/min。

$$B = 3.6 \frac{m}{t} \quad (\text{kg/h}) \tag{4-3}$$

式中，B 为燃油消耗量，kg/h；m 为油耗量，g；t 为油耗时间，s。

$$b_e = \frac{B}{P_e} \times 1000 \quad [\text{g/(kW·h)}] \tag{4-4}$$

式中，b_e 为燃油消耗率，g/(kW·h)；B 为燃油消耗量，kg/h；P_e 为发动机功率，kW。

燃油消耗的测量，可以测量一定时间内消耗的燃油量，或者测量一定量的燃油燃烧所需时间。根据实验所用发动机的额定功率和转速，发动机的负荷加载数据应在 0～400N·m，转速应在 1000～2000r/min 变化。

4. 实验步骤

(1) 启动发动机进行暖机，将发动机冷却水温升到 45℃左右，机油温度升到 40℃以上。

(2) 进行内燃机实验，通过控制台增大油门使发动机到设定转速，待转速稳定后，通过控制台增加油门开度，实验台控制系统自动地给发动机增加负荷（扭矩），发动机负荷（扭矩）增加到一定的数值，使发动机转速和负荷都稳定后，记录下此工况点下的所有的测试数据。

(3) 按一定步长增加油门开度，并增加负荷，使发动机在另一转速和负荷下稳定运转，待转速稳定一定时间后，测量第二个点的所有测试数据，依此类推，增加油门开度，测量 6～7 个工况点的数据。测量完成后逐渐减小油门开度，以降低负荷，在低速状态下运转一段时间，使发动机冷却水温降低。

(4) 根据实验数据采集并进行数据记录，参考数据表见表 4-4，绘制出实验测量数据表格及发动机性能参数曲线图。

表 4-4　实验数据记录及处理表

参数名称 ＼ 工况点	1	2	3	4	5	6
转速 $n/(\text{r/min})$						
转矩 $T_r/(\text{N·m})$						
排气温度 $T_r/℃$						
油耗时间 t/s						
油耗量 m/g						
燃油消耗量 $B/(\text{kg/h})$						
功率 $P_e/(\text{kW})$						
燃油消耗率 $b_e/[\text{g}/(\text{kW·h})]$						

5．思考题

（1）简述工程实际中测量温度的传感器类型、原理及适用范围。

（2）简述工程实际中测量转速的传感器类型、原理及适用范围。

（3）简述工程实际中测量流量的传感器类型、原理及安装注意事项。

第5章 液压与气动技术实验

液压与气压传动是除机械传动、电气传动之外的，另一种基本传动形式。迅猛发展的自动化生产线、工业机器人、自动化组合机床等机电液一体化设备广泛采用液压缸、气缸、液压马达、气动电动机等作为其执行元件。液压与气动技术是电子控制技术和工业控制的桥梁，是机械类专业学生必须掌握的一门专业技术。通过实验可以使学生了解系统结构，加深对液压与气动基本概念、基本原理的理解，巩固和深化理论知识，培养学生的实际动手能力和实验技能、分析解决工程实际问题的能力。

5.1 液压、气动执行元件的拆装 与使用维修、故障诊断实验

1. 实验目的

(1)通过拆装齿轮泵、叶片泵、柱塞泵等液压元件，加深了解典型液压泵的结构、特点与工作原理。

(2)通过拆装气动齿轮电动机，加深了解气动电动机的结构特点、工作原理。

(3)观察和了解液压活塞缸、气动活塞缸、气动三联件的结构，了解其原理。

(4)对液压泵、气动电动机的装配工艺有一个初步的认识，掌握液压元件、气动元件拆装的基本要领。

(5)分析元件的结构、功能、工作原理及常见故障的现象和排除方法。

2. 实验设备

(1)液压执行元件：齿轮泵、双作用叶片泵、柱塞泵。

(2)气动执行元件：气动齿轮电动机。

(3)拆装工具。

3. 实验内容及步骤

1)普通齿轮泵的拆装

齿轮泵是结构最简单、应用最广泛的一种液压泵，其结构如图 5-1 所示。在学习了齿轮泵的工作原理、基本结构的基础上，拆卸齿轮泵，认真观察其结构(操作注意事项：拆卸后正确组装，切勿丢失零件)。

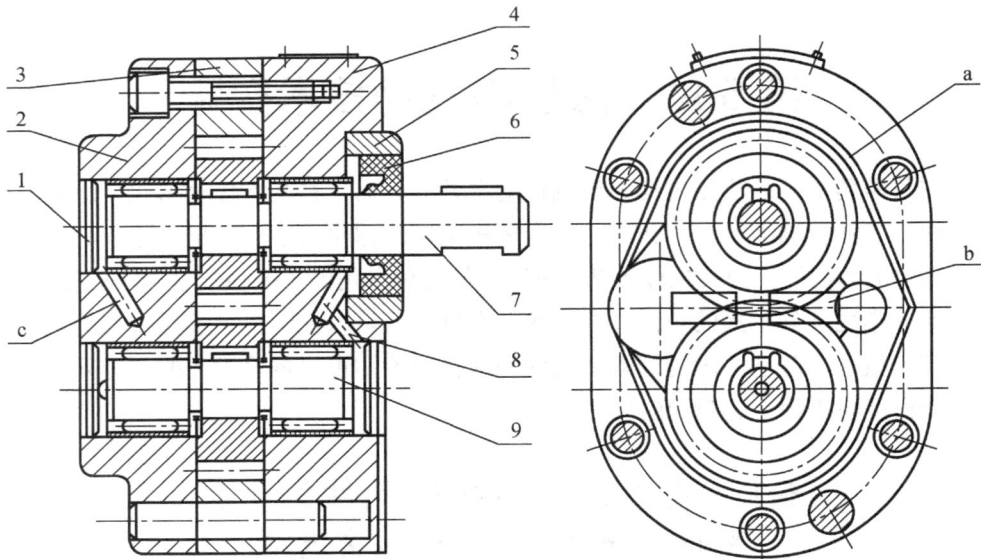

图 5-1　普通齿轮泵结构

a-回油槽；b-困油卸荷槽；c-泄油通道
1-压盖；2-后盖；3-泵体；4-前盖；5-密封座；6-轴封；7-长轴；8-泄油通道；9-短轴

2) 叶片泵的拆装

叶片泵是利用转子上的叶片与定子内表面相配合，形成运动副，在转子运动时实现容积变化和吸排油的泵，分为单作用叶片泵和双作用叶片泵，如图 5-2 和图 5-3 所示。

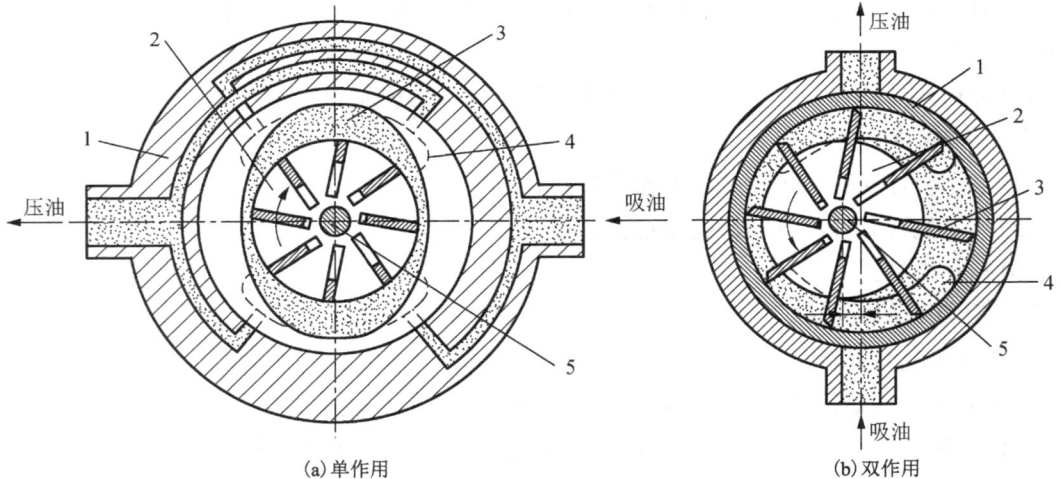

(a) 单作用　　　　　　　　　(b) 双作用

图 5-2　叶片泵原理图

1-泵体；2-转子；3-叶片；4-配油槽；5-传动轴

拆开此叶片泵，对照结构复习其工作原理、结构特点及主要故障点。

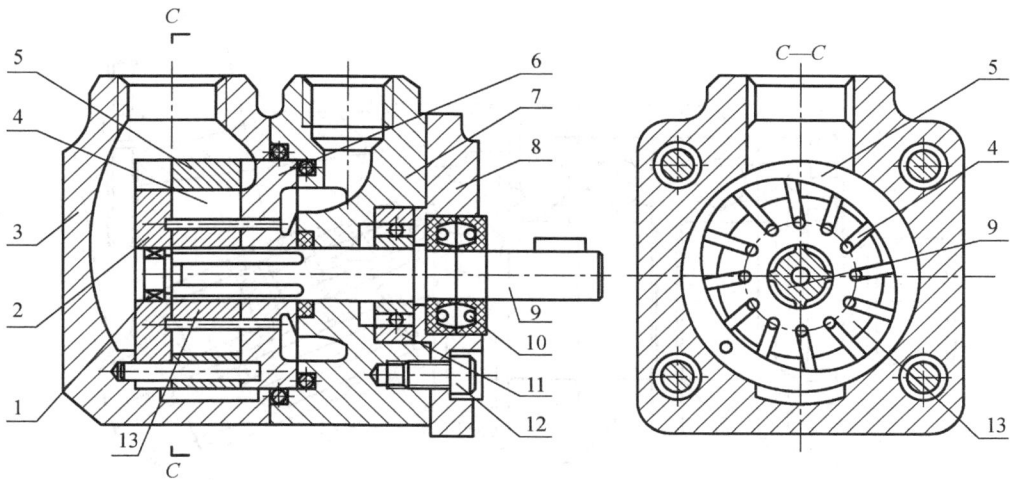

图 5-3　双作用叶片泵结构

1、11-轴承；2、6-左右配流盘；3、7-前、后盖体；4-叶片；5-定子；8-端盖；9-传动轴；10-防尘圈；12-螺钉；13-转子

3）斜轴式轴向柱塞泵

轴向柱塞泵工作原理如图 5-4 所示。拆开柱塞泵，针对其结构（图 5-5）弄清其工作原理、主要结构。

4）气动齿轮电动机拆装

气动齿轮电动机及消声器结构如图 5-6 所示。对照结构，分析其工作原理。

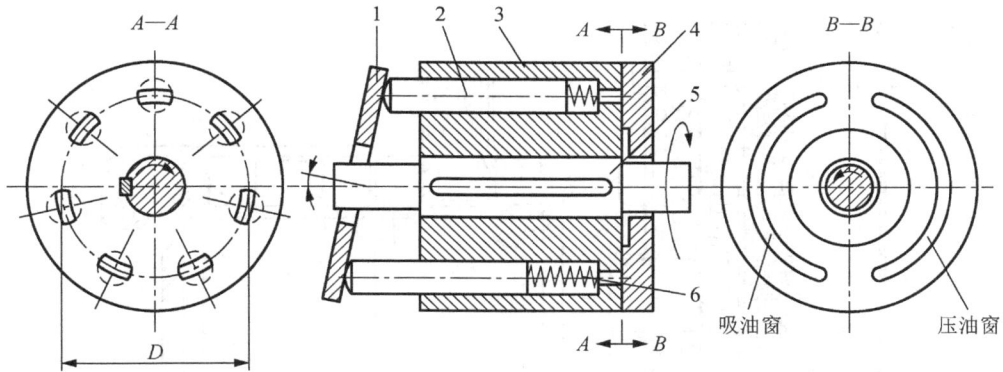

图 5-4　轴向柱塞泵工作原理图

1-斜盘；2-柱塞；3-缸体；4-配油盘；5-轴；6-弹簧

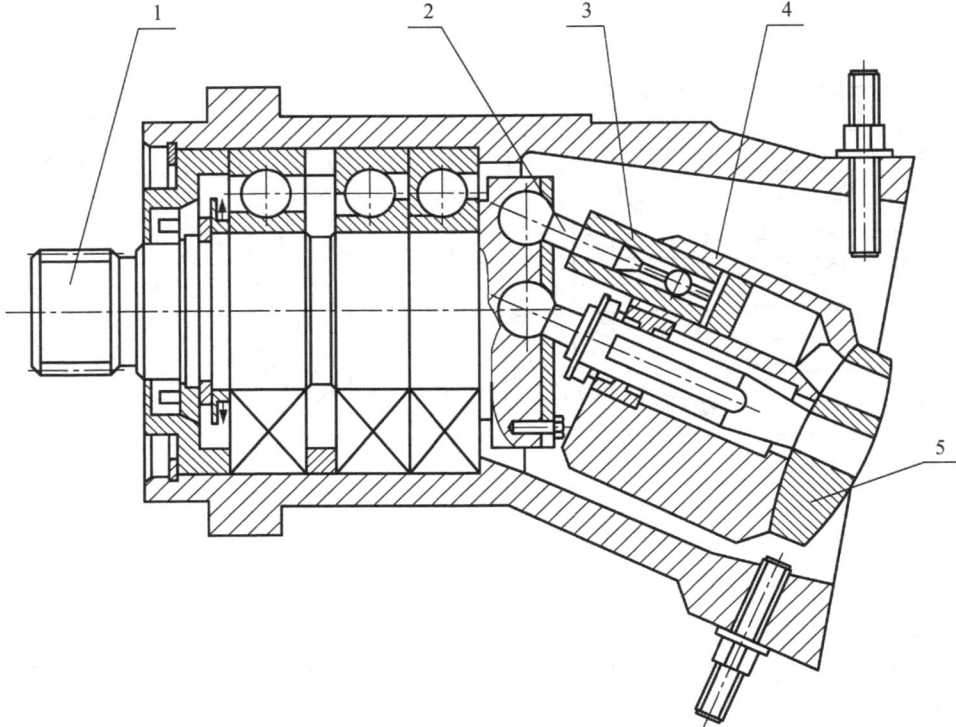

图 5-5　斜轴式无铰轴向柱塞泵

1-传动轴；2-连杆；3-柱塞；4-缸体；5-配流盘

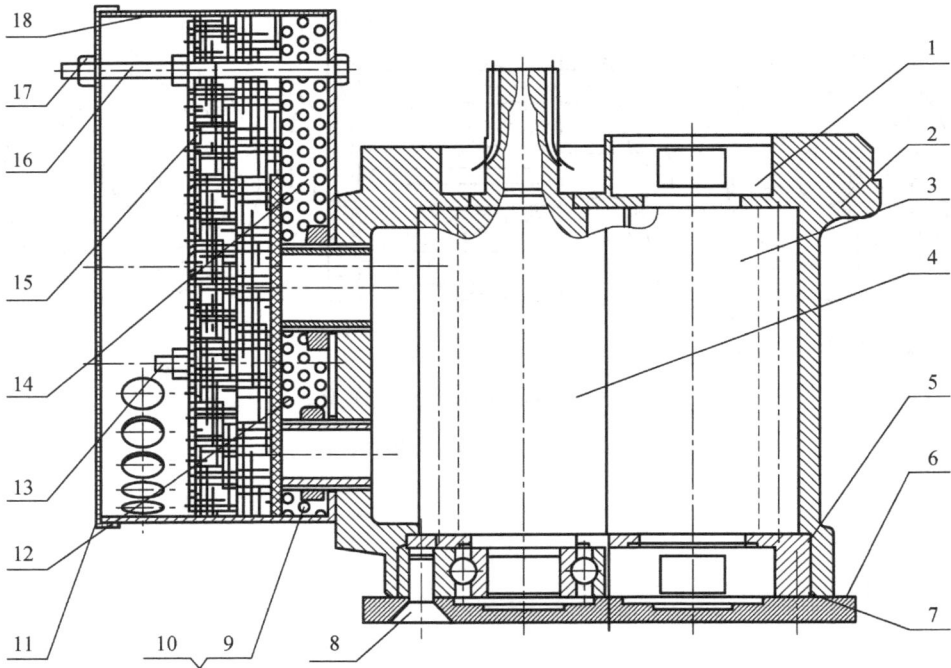

图 5-6　气动齿轮电动机与消声器结构

1-轴承；2-电动机壳；3-从动轮；4-主动轮；5-轴承座；6-电动机底板；7-纸垫；8-螺钉；9-接头；
10-螺母；11-消声器盖；12-尼龙板；13-螺栓；14-排气海绵；15-排气网；16-螺栓；17-螺母；18-消声器壳体座

4．思考题

1）齿轮泵

(1)齿轮泵的组成、工作原理及吸压油口的特点。

(2)图 5-1 中 a、b 槽各起什么作用？

(3)为什么被动齿轮的轴做成空心的，端盖上的孔起什么作用，c 孔若被堵死会有何问题？

(4)若要提高齿轮泵的工作压力，主要应从哪些方面采取措施？

(5)齿轮泵哪里容易损坏，损坏后的现象是什么，如何判断，如何修复？

2）叶片泵

(1)该泵由哪些零件组成，其工作原理和特点是什么？

(2)注意其配流盘的结构，说明配流盘的作用；盘上圆环槽的作用；压油窗口上三角槽的作用。

(3)此泵组装时应注意什么问题，叶片前端部应如何正确放置叶片？

(4)叶片泵的哪些元件易损，损坏后出现什么现象？

3）柱塞泵

(1)斜轴泵的工作原理是什么？简述斜轴泵的结构特点。

(2)柱塞上的环槽有何作用？

(3)该泵的配流盘有何特点，其中的间歇强制润滑是如何工作的？

4）气动电动机

(1)装配中哪些因素影响电动机的旋转特性？

(2)气动电动机的噪声是如何产生的，利用你所学的知识与经验，提出降低电动机噪声的思路，或者如何更有效地提高消声效果。

(3)在电动机的使用中，轴承是经常损坏的易损件，如何提高电动机的服务周期？

5.2　液压、气动控制阀的拆装与使用维修、故障诊断实验

1．实验目的

(1)掌握控制阀的结构、特点与工作原理。

(2)了解阀类元件的装配工艺，掌握液压元件、气动元件拆装的基本要领。

(3)分析元件的结构、功能、工作原理，掌握其常见故障的现象和排除方法。

2．实验设备

(1)溢流阀、减压阀、调速阀、换向阀、节流阀。

(2)拆装工具。

3．实验内容及步骤

1）溢流阀

图 5-7 为溢流阀结构图。要求在拆装前掌握溢流阀的符号、在系统中的作用以及基本组成。通过实验，观察其中的细节，并了解它们的作用原理，弄清油液在阀内的通路。

2）减压阀

实验前应掌握减压阀的组成、原理及作用。对照图 5-8，通过实物拆装，观察其细节，了解其结构特点。

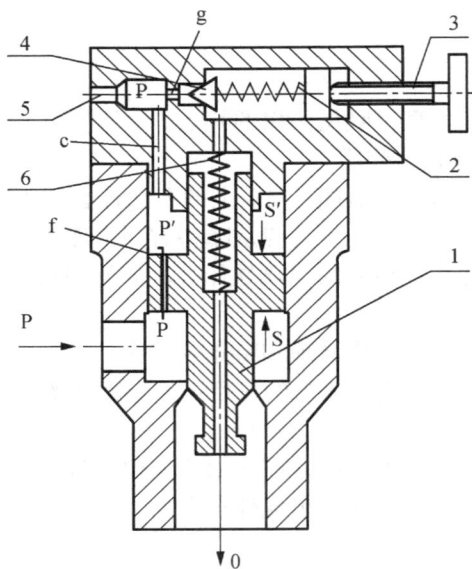

图 5-7　溢流阀结构图

1-主阀芯；2-弹簧；3-螺钉；4-锥阀；5-远控油口；6-弹簧

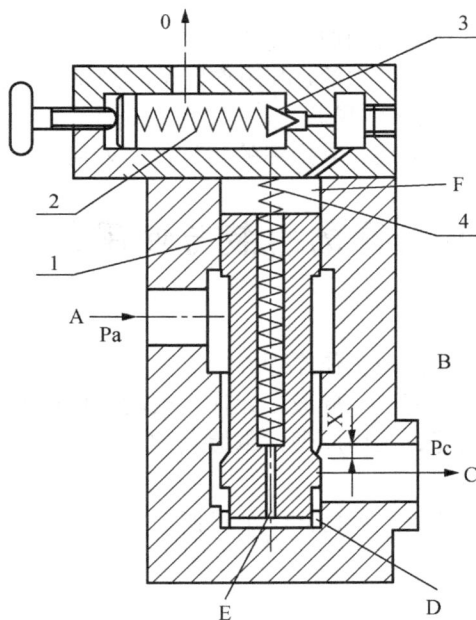

图 5-8　减压阀结构图

1-阀芯；2-弹簧；3-锥阀；4-弹簧

3) 节流阀

节流阀由阀体、阀芯、弹簧、推杆四部分组成，如图 5-9 所示。将节流阀各部分零件拆开观察阀芯上的节流口，根据它与弹簧和推杆的相互位置以及阀体上的各个通道，叙述节流阀的工作原理和调速过程。

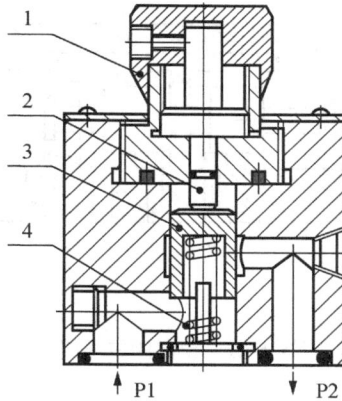

图 5-9　节流阀结构图

1-手把；2-顶杆；3-阀芯；4-弹簧

4）调速阀

图 5-10 为调速阀结构图，调速阀由节流阀加定差减压阀组成。判断其进油口、回油口，拆开调速阀，将节流阀阀芯和减压阀阀芯取出，根据阀芯上的工艺孔，简述其内部液压油通路、工作原理、工作过程。

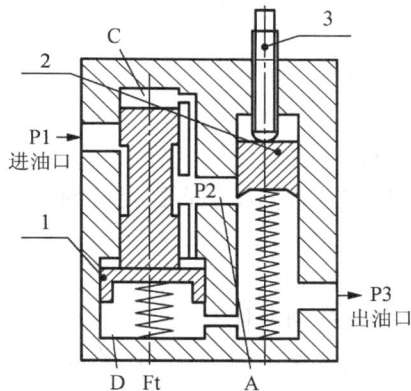

图 5-10　调速阀结构图

1-减压阀阀芯；2-节流阀阀芯；3-手把

5）换向阀

实验前应熟练掌握换向阀的种类、作用及名称。对照半剖开的实体换向阀，结合图 5-11，判断换向阀的 P 口、A（B）口、O 口，说明其组成、换向工作原理、中位机能。

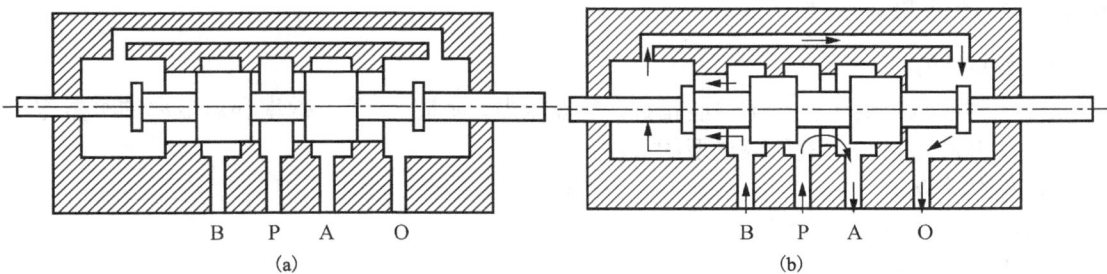

(a)　　　　(b)

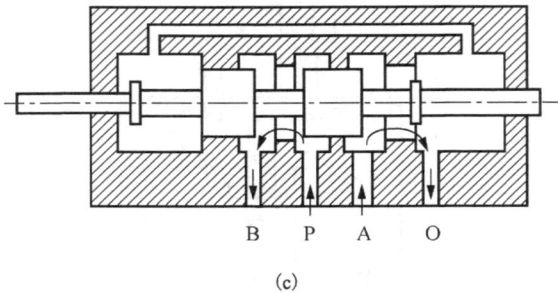

(c)

图 5-11　换向阀原理图

4. 思考题

1)溢流阀

(1)主阀体上的各孔有何作用,主阀芯上阻尼孔起何作用,堵塞时会怎样?

(2)主阀弹簧的作用是什么,其刚度如何?

(3)先导阀的弹簧起何作用,其刚度如何?

(4)溢流阀的远程控制口有何作用,是如何工作的?

2)减压阀

(1)主阀的阻尼孔起何作用,堵塞时的后果?

(2)先导阀如何回油?

(3)减压阀在系统中是如何工作的?

3)节流阀

(1)图 5-9 中,节流口的作用是什么?

(2)当节流口调到某一个开度时,其速度能否恒定,为什么?

4)调速阀

(1)说明为什么要串联定差减压阀?

(2)减压阀阀芯上下的压力差是如何变化的?

(3)将结构了解清楚后,以负载 R 增大为例,叙述其调速过程和稳速原理,指出各油腔压力变化的情况。

5)换向阀

什么是滑阀式换向阀的中位机能?

5.3　液压系统性能实验

5.3.1　液压泵性能实验

1. 实验目的

(1)了解液压泵的主要技术性能指标,掌握压力、流量、容积、效率和总效率的测量方法。

(2)掌握液压系统中液压泵选型的方法。

2. 实验设备

(1)QCS003B 液压实验台。

(2)钢板尺、秒表。

3. 实验内容

1) 油泵的 Q-P 特性

流量：泵的理论流量是恒定的，与泵的工作压力无关。但因为有内部泄漏，泵的实际流量随着工作压力的提高，油液黏度的降低而下降，测定液压泵在不同工作压力下的实际流量，可画出油泵的流量-压力特性曲线 $Q = f_2(P)$。

2) 油泵的容积效率 η_V

油泵的容积效率，是油泵在额定工作压力下的实际流量 $Q_实$ 和理论流量 $Q_理$ 的比值。

$$\eta_V = \frac{Q_实}{Q_理} \tag{5-1}$$

$Q_理$ 可以按油泵电机的转速和油泵的结构尺寸计算。但这种方法比较复杂，实验室往往用油泵出口压力接近零时的流量 Q_0，代替理论流量得到 η_V 的近似值。

$$\eta_V = \frac{Q_实}{Q_0} \tag{5-2}$$

3) 油泵的总效率 $\eta_总$

$$\eta_总 = \frac{N_出}{N_入} \tag{5-3}$$

液压泵的输出功率 $N_出$ 为

$$N_出 = \frac{P \cdot Q}{612} \ (\text{kW}) \tag{5-4}$$

可通过测量 Q、P 的对应值，由公式计算出来。

液压泵的输入功率是将三相功率表接入电网与电动机定子线圈之间，功率表指示的数值 $N_表$ 为电动机的输入功率，再根据电动机的效率曲线，查出功率为 $N_表$ 时的电动机效率 $\eta_电$，则液压泵的输入功率：

$$N_入 = N_表 \cdot \eta_电$$

液压泵的总效率可用式(5-5)表示：

$$\eta_总 = \frac{N_出}{N_入} = \frac{P \cdot Q}{612 \cdot N_表 \eta_电} \tag{5-5}$$

4. 实验步骤

实验台液压系统回路如图 5-12 所示。

(1) 按照实验目的，自己制订实验方案，确定实验油路，做好实验准备：先将电磁阀 12 处于中间位置，电磁阀 11、16 处于复位 "○" 状态。关闭节流阀 10，旋松溢流阀 9(为无载启动)，压力表开关置于 P6 位置。

(2) 调整溢流阀压力：启动泵 8，逐渐拧紧溢流阀 9，观察 P6 的数值，使泵压逐渐上升到 63kg·f/cm²(1MPa=10kg·f/cm²)。

(3) 测理论流量 Q 和相应的输入功率 N_{10}：用节流阀 10 使系统加载和卸载。缓慢地完全打开节流阀 10，测出此时泵的压力(读 P0 值)，通过流量计 20 及秒表测出泵在最小压力 P0 下的流量 Q_0(推荐：用秒表测出流量为 5L 时所需时间，换算为流量 Q，单位 L/min)，此时的流量值可近似为泵的理论流量 $Q_理$，再通过功率表 19 读出此时电动机的输入功率 $N_表$，将测得的数据记入表 5-1 中。

(4) 测不同压力下的流量和相应的电机功率：改变节流阀 10 的开口，使油泵压力逐渐上升，逐点测出压力和对应的流量及电机功率 $N_{表}$，将结果填入表 5-1 中。

(5)卸压，停止电机，测试结束。

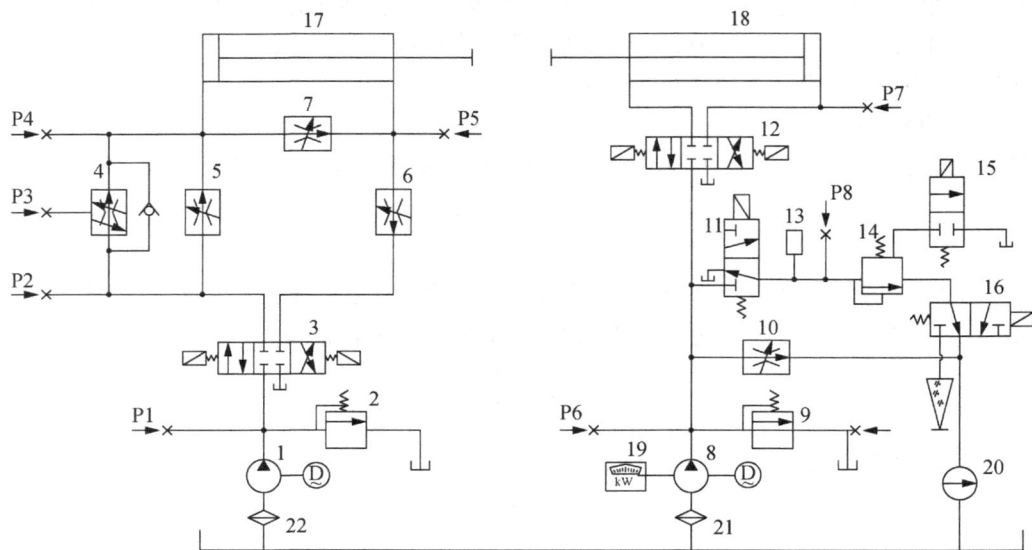

图 5-12 003B 液压系统性能实验台系统

1-双作用叶片泵 YB-6；2-溢流阀；3-三位四通电磁换向阀；4-单向调速阀；5、6、7-节流阀；8-双作用叶片泵 YB-6；
9-溢流阀；10-节流阀；11-二位三通电磁换向阀；12-三位四通电磁换向阀；13-压力传感器接口；14-溢流阀(被测)；
15-二位二通电磁换向阀；16-二位三通电磁换向阀；17、18-单出杆液压缸；19-功率表；20-流量计；21、22-滤油器

5. 分析整理实验数据

表 5-1 为液压泵性能实验数据表。

表 5-1 液压泵性能实验数据表

测算内容	序号	1	2	3	4	5	6	7
1	被试泵的压力 P/(kg·f/cm²)		10	20	30	40	50	60
2	泵输出油液容积的变化量 ΔV /L							
	对应 ΔV 所需时间 t/s							
3	泵的流量 $Q=\Delta V$ /t×60/(L/min)							
4	泵的输出功率 $N_{出}$ /kW							
5	电机效率 $\eta_{电}$=0.8							
	电动机的输入功率 $N_{表}$ /kW							
6	泵的总效率 $\eta_{总}$ /%							
7	泵的容积效率 η_V /%							

用坐标纸画出 $Q=f(P)$、$\eta_V=f(P)$、$\eta_{总}=f(P)$ 曲线。

6. 思考题

(1)实验油路中的溢流阀起什么作用？

(2)实验系统中节流阀为什么能够对被试泵进行加载？(可用流量公式 $Q=C_d \cdot A \cdot \Delta P_m$ 进行分析)

(3)从液压泵的效率曲线中可得到什么启发？

5.3.2　增速回路实验

1. 实验目的

(1)通过自己设计增速回路系统和亲自拆装，了解增速回路(差动回路)的组成和性能。

(2)通过实验，加强根据实际需求设计增速回路的能力。

2. 实验原理

有些机构中需要两种运动速度，快速时负载小，要求流量大，压力低；慢速时负载大，要求流量小，压力高。因此，在单泵供油系统中若不采用差动回路，则慢速时，势必有大量流量从溢流阀溢回油箱，造成很大功率损失，并使油温升高。

3. 实验要求

实验台中提供了液压基本回路所用的各种液压元件，包括方向阀、压力阀、流量阀、油缸、压力表、油管和快换接头，以及行程开关，如图 5-13 所示。

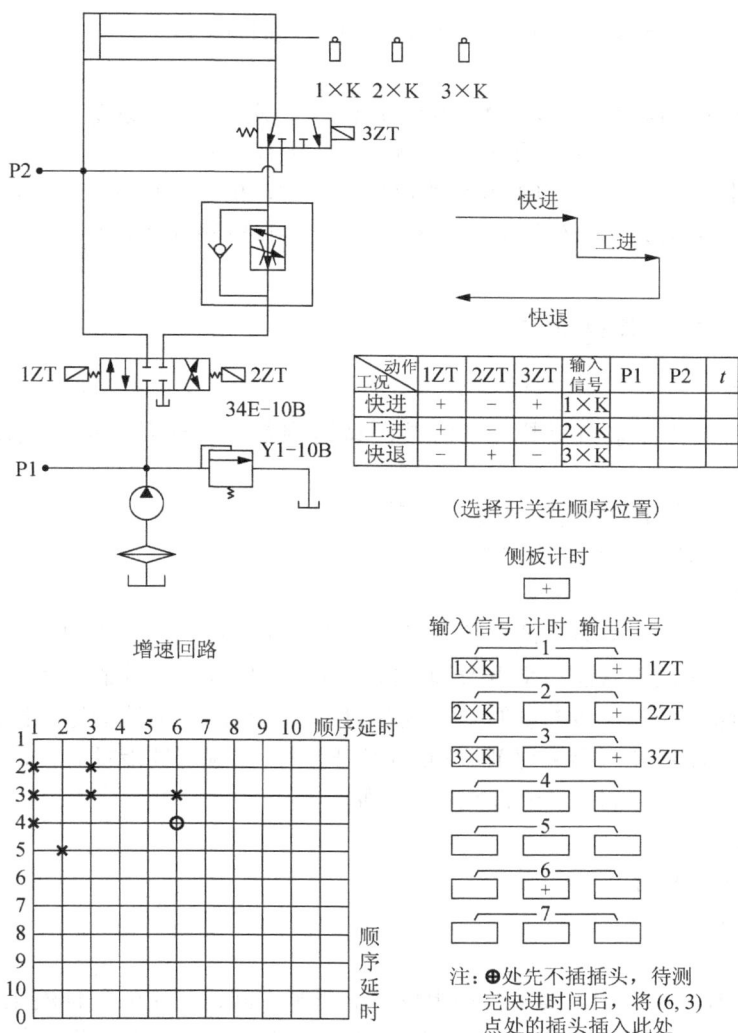

动作 工况	1ZT	2ZT	3ZT	输入 信号	P1	P2	t
快进	+	−	+	1×K			
工进	+	−	−	2×K			
快退	−	+	−	3×K			

(选择开关在顺序位置)

注：⊕处先不插插头，待测完快进时间后，将 (6, 3) 点处的插头插入此处

图 5-13　液压增速回路

自行设计一个差动回路，以实现油缸在单泵供油系统中快进和工进两种速度。

4．实验步骤

(1)按照你所设计的差动回路，找出所要用的液压元件，通过软管和快速接头按回路连接。

(2)把所用的电磁换向阀电磁铁和行程开关按油路编号。

(3)把电磁铁(1ZT、2ZT、3ZT)插头线对应插入在侧面板"输出信号"插座内(侧板上+示)。

(4)把行程开关1～3×K对应插入在侧面板"输入信号"插座(侧板2×K、3×K、1×K示)。

(5)根据差动回路工况表动作顺序，用小型插头对应插入在矩阵板插座内(矩阵板画X处)。

(6)旋松溢流阀，启动YB-4泵，调节溢流阀压力为$20\text{kg} \cdot \text{f/cm}^2$，调节单向调速阀至某一开度。

(7)把选择开关指向"顺序位置"，先按动"复位"按钮，再按动"启动"按钮，则差动回路即可实现动作。

(8)按照工况动作表格记录相应的压力(P1、P2)的时间t值。

5．思考题

(1)在差动快速回路中，两腔是否因同时进油而造成"顶牛"现象？

(2)差动连接与非差动连接，输出推力哪一个大为什么？

(3)在慢进时，为什么液压缸左腔压力比快进时大，根据回路进行分析。

(4)如果将回路中液压缸改为双出杆液压缸，在回路不变的情况下，能否实现增速，为什么？

5.3.3 液压系统节流调速实验

1．实验目的

(1)通过自行设计和亲自拆装，了解节流调速回路的组成及性能，绘制速度负载特性曲线。

(2)掌握液压系统节流调速的速度-负载特性。

(3)掌握节流调速回路的设计方法。

2．实验原理

节流调速回路是由定量泵、流量控制阀、溢流阀和执行元件组成的。它通过改变流量控制阀阀口的开度，即通流截面积来调节和控制流入或流出执行元件的流量，以调节其运动速度。节流调速回路按照其流量控制阀安放位置的不同，有进口节流调速、出口节流调速和旁路节流调速三种。流量控制阀采用节流阀或调速阀时，其调速性能各有自己的特点，同是节流阀，调速回路不同，它们的调速性能也有差别。

3．实验设备

(1)QCS003B实验台。

(2)0014实验台。

4．实验内容

QCS003B实验台和0014实验台均提供了液压基本回路所用的各种液压元件，包括方向阀、压力阀、流量阀、油缸、压力表、油管和快换接头，以及行程开关，参见图5-14。

1×K 2×K 3×K

3ZT

P2

34E-10B

1ZT　2ZT

Y1-10B

P1

快进 工进 快退

动作　工况	1ZT	2ZT	3ZT	输入信号	P1	P2	t
快进	+	−	+	1×K			
工进	+	−	−	2×K			
快退	−	+	−	3×K			

（选择开关在顺序位置）

侧板计时
+

输入信号　计时　输出信号
1×K ── 1 ── + 1ZT
2×K ── 2 ── + 2ZT
3×K ── 3 ── + 3ZT
── 4 ──
── 5 ──
── 6 ── +
── 7 ──

注：⊕处先不插插头，待测
完快进时间后，将 (6, 3)
点处的插头插入此处

顺序延时（矩阵板）
顺序延时

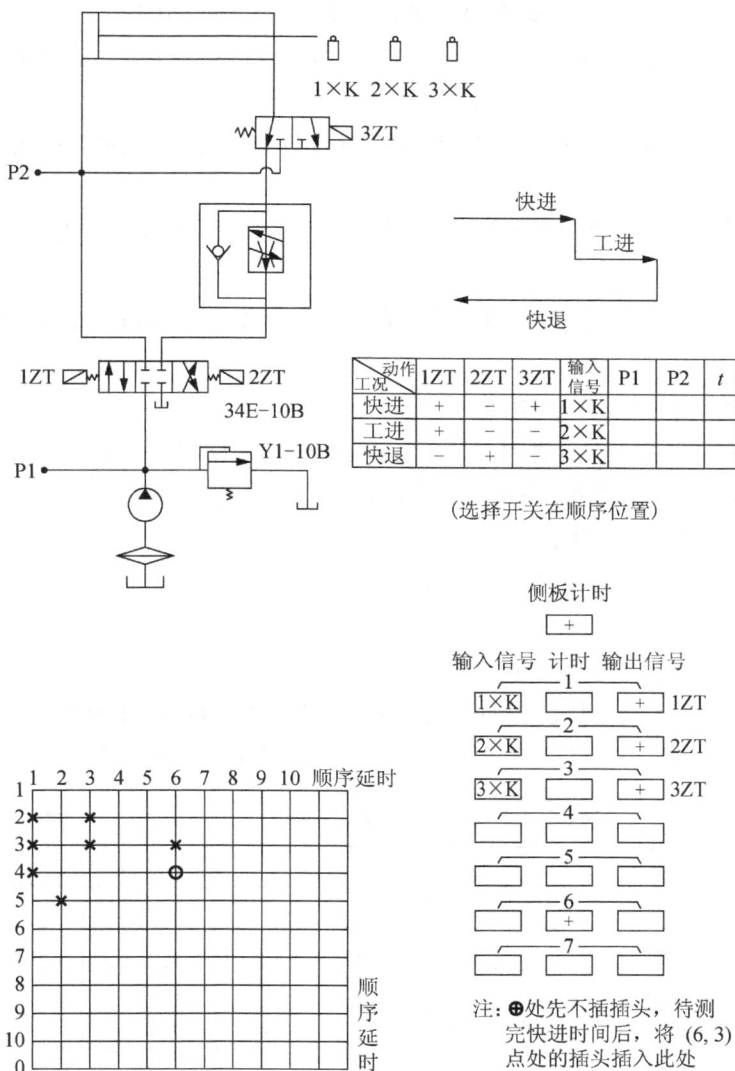

图 5-14　液压调速回路

参照图 5-14 自行设计调速回路，调速元件选择节流阀时，可进行节流阀进口节流、出口节流、旁路节流调速；调速元件选择调速阀时，应用进口节流调速。在加载回路中，改变加载缸的压力，测试节流调速系统的速度负载特性曲线。

5. 实验步骤

1）0014 实验台

（1）按照自行设计的节流调速回路，找出所要用的液压元件，通过快换接头和液压软管连接油路。

（2）根据矩阵板和侧面板示例，进行电气线路连接，并把选择开关拨至顺序位置。（安装完毕，待指导教师检查无误后，再继续进行实验。）

（3）定出两只行程开关之间的距离，旋松溢流阀（Ⅰ）、（Ⅱ），启动 YBX-16、YB-4 泵，调节溢流阀（Ⅰ）压力为 $40\text{kg} \cdot \text{f/cm}^2$，溢流阀（Ⅱ）压力（加载系统的压力，$\text{kg} \cdot \text{f/cm}^2$）分别为 5、

10、15、20、25、30、35、40，调节单向调速阀的开口至某一开度。

(4) 按动"复位"按钮，随之按动"启动"按钮，即可实现动作。在运行中读出单向调速阀进出口压力，记录计时器显示的时间。

(5) 根据回路记录表，调节溢流阀（Ⅱ）压力（即负载压力），记录相应时间和压力，填入表 5-5 中。

(6) 将单向调速阀改为单向节流阀（开口为某一值），方法同前进行测试。

2) QCS003B 实验台

根据实验台的液压系统油路图和实验内容，分别确定节流阀进口节流调速、出口节流调速、旁路节流调速的实验油路。

(1) 调整加载油缸，做好以下准备工作。

① 对照油路图，将一些电磁阀都置于 0 位（断电），溢流阀 2、9 全部松开。

② 启动泵 8，调整溢流阀，同时观察压力表，对速度缸加载。

③ 启动泵 1，调节溢流阀，使油泵压力为 40kg·f/cm²。

(2) 选择实验油路，做各种节流调速实验。

① 进口节流调速。

a. 用钢卷尺测出油缸的行程并记录。

b. 调整溢流阀，逐渐增加加载油缸的压力，分别在压力（kg·f/cm²）为 5、10、15、20、25、30、35、40 的情况下用秒表测出不同负载下油缸的运动速度，并将结果记入表 5-2 中。

表 5-2　节流阀进口节流调速　　　　　S=　　mm，油温=　　℃

	加载压力/(kg·f/cm²)	5	10	15	20	25	30	35	40
格	T/s								
	V/(m/min)								
	阀进、出口压差								
格	T/s								
	V/(m/min)								
	阀进、出口压差								

c. 改变节流阀的开口，按以上步骤重测一组数据。

d. 在测试过程中，通过压力表开关，观测节流口前后压差值，分析其现象。

② 出口节流调速和旁路节流调速，测量方法同上，将实验数据计入表 5-3 和表 5-4 中。

③ 调速阀进口节流调速。

方法同上进行测试，实验数据计入表 5-5 中。

(3) 在测试过程中，通过压力表开关，观察节流口前后的压差，注意压力表开关的位置，与节流阀调速进行比较，分析其现象。

(4) 整理实验数据，绘制 V-P 特性曲线。

6. 实验数据整理，绘制 *V-P* 特性曲线

表 5-3　节流阀出口节流调速　　　　　　$S=$　　　mm，油温=　　　℃

	加载压力/(kg・f/cm²)	5	10	15	20	25	30	35	40
格	*T*/s								
	V/(m/min)								
	阀进、出口压差								
格	*T*/s								
	V/(m/min)								
	阀进、出口压差								

表 5-4　节流阀旁路节流调速　　　　　　$S=$　　　mm，油温=　　　℃

	加载压力/(kg・f/cm²)	5	10	15	20	25	30	35	40
格	*T*/s								
	V/(m/min)								
	阀进、出口压差								
格	*T*/s								
	V/(m/min)								
	阀进、出口压差								

表 5-5　调速阀进口节流调速　　　　　　$S=$　　　mm，油温=　　　℃

	加载压力/(kg・f/cm²)	5	10	15	20	25	30
格	*T*/s						
	V/(m/min)						
	阀进、出口压差						

7. 思考题

(1) 节流阀与调速阀在结构与性能上有何区别？

(2) 通过节流阀流量的大小与哪些因素有关？

(3) 节流阀和调速阀调速，各用于什么场合最好，为什么？

(4) 当负载压力上升到接近系统压力时，为什么缸速开始变慢？

第6章　机电一体化系统实验

机电一体化是一门综合性和实践性很强的技术，其技术涉及微电子技术、计算机控制技术、功率接口技术、现场总线技术等。本章设置了机电一体化系统功能部件认知及应用实验、可编程控制器的结构和使用实验、自动化生产线虚拟设计及调试实验三个实验环节，使学生由浅至深地了解、掌握该技术所涉及的知识，培养学生工程实践的能力。

6.1　机电一体化系统功能部件认知及应用实验

1. 实验目的

(1)认知典型机电一体化系统的结构特点和各常用功能部件。

(2)掌握数字增量编码器的角度测量、T法测速的工作原理以及数字和模拟测量信号的处理方法。

(3)掌握编码器回原点方式及其对系统回原点重复精度的影响。

2. 实验设备或软件

(1)AS-100交流伺服教学设备一套。

(2)计算机一台，PEWIN软件。

(3)位置检测工具一台(光栅尺)。

3. 实验原理

1)机电一体化系统的功能部件

AS-100交流伺服教学系统是典型的机电一体化设备，主要组成环节如图6-1所示。信息

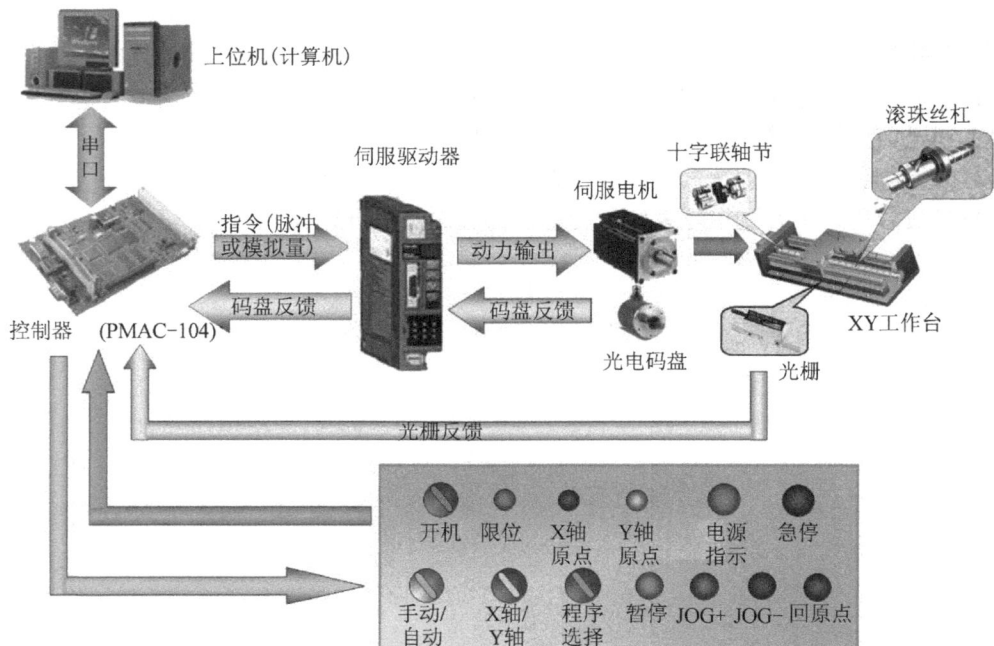

图6-1　交流伺服教学系统的组成

处理和控制由 PMAC(可编程多轴运动控制器)完成，驱动元件为富士伺服驱动器，执行机构是伺服驱动器配套的交流伺服电机，检测元件采用编码器，伺服电机与驱动器组成速度闭环控制系统；机械本体 XY 工作台是一典型的控制对象，采用滚珠丝杠螺母传动的模块化的十字工作台，用于实现目标轨迹和动作，为记录运动轨迹和动作效果，用笔架和绘图装置代替加工工件的刀具，XY 工作台也是目前许多数控加工设备的基本部件，如数控车床的纵横向进刀装置、数控铣床和数控钻床的 XY 工作台、激光加工设备工作台等。

2)检测元件旋转编码器的应用

(1)编码器工作原理。编码器是利用光电原理将机械角位移转变为电信号，可以用来测量电机轴的角位移、轴的转速。按输出信号与对应位置(角度)的关系，光电编码器通常分为增量式光电编码器、绝对式光电编码器及混合式光电编码器三类。增量式光电编码器每产生一个输出信号就对应一个增量位移角，不能直接检测轴的绝对角度。绝对式光电编码器则通过读取编码盘上的图案来表示轴的位置，可以直接读取角度坐标的绝对值。混合式光电编码器则是增量式和绝对式共有的编码器。

光电圆盘与被测轴连接，光线通过光电圆盘和遮光板的缝隙，在光电元件上形成明暗交替变化的条纹，在 A、B 光敏元件上产生近似于正弦波的电流信号，经放大整形电路变成相位相差 90° 的方波信号，轴每转动一圈，只产生一个 C 相脉冲，用作参考零位的标志脉冲，在数控机床的进给控制中，C 相脉冲用来产生机床的基准点。A 相和 B 相的相位差可用作电机的旋转方向判别，若 A 相超前于 B 相，对应电机作正向运动；若 A 相滞后于 B 相，对应电机作反向运动。若以该方波的前沿和后沿产生的计数脉冲，可以形成代表正向和反向位置的脉冲序列。在实际应用中，为了提高编码器信号的传输能力和抗干扰能力，每一相都以差分形式输出，即每相都有一个和该相相位差 180° 的脉冲序列输出，如 A 相有 $\overline{A}$ 相一起差动输出，如图 6-2 所示。

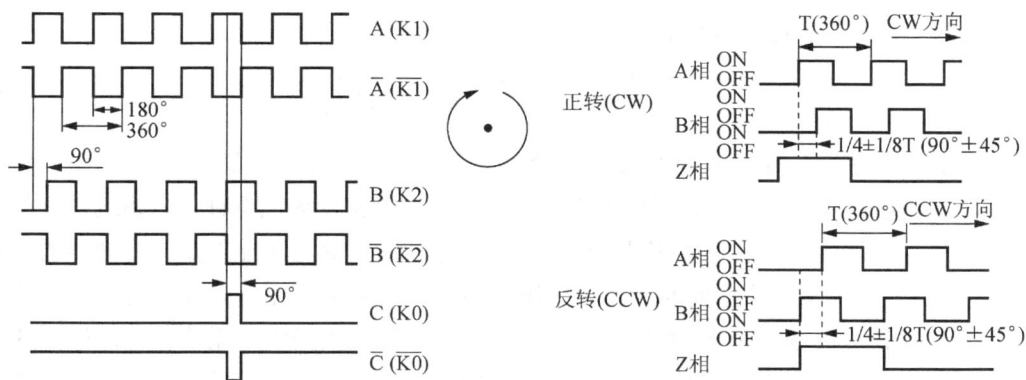

图 6-2　编码器的 A、B、Z 相及相互关系

增量式光电编码器的分辨率为

$$分辨率 R = P, \qquad 分辨角 \alpha = \frac{360°}{P}$$

式中，P 为每转脉冲数，即圆盘上的条纹数或称线数。

(2)编码器测速原理。在闭环伺服系统中，根据脉冲计数来测量转速的方法有以下三种：①在规定时间内测量所产生的脉冲个数来获得被测速度，称为 M 法测速；②测量相邻两个脉冲的时间来测量速度，称为 T 法测速；③同时测量检测时间和在此时间内脉冲发生器发出的脉冲个数来测量速度，称为 M/T 法测速。以上三种测速方法中，M 法适合于测量较高的速度，能获得较高分辨率；T 法适合于测量较低的速度，这时能获得较高的分辨率；而 M/T 法则无论高速低速都适合测量。PMAC 控制器采用的是 T 法测速。

T 法测速的原理是用一已知频率 f_c(此频率一般都比较高)的时钟脉冲向一计数器发送脉冲，计数器的起停由码盘反馈的相邻两个脉冲来控制，原理如图 6-3 所示。若计数器读数为 m_1，则电机每分钟转速为

$$n_M = 60 f_c / (P m_1)(\text{r} / \text{min}) \tag{6-1}$$

式中，P 为码盘一圈发出的脉冲个数即码盘线数；m_1 为脉冲个数；$f_c = 10\text{MHz}$。

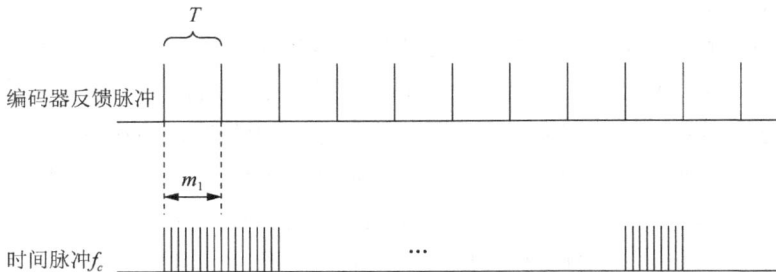

图 6-3　T 法测速原理

测速分辨率：当对应转速由 n_1 变为 n_2 时，则分辨率 Q 的定义为 $Q = n_2 - n_1$，Q 值越小说明测量装置对转速变化越敏感即分辨率越高。

因此可以得到 T 法测速的分辨率为

$$Q = \frac{60 f_c}{P m_1} - \frac{60 f_c}{P(m_1 + 1)} = \frac{n_M^2 P}{60 f_c + n_M^2 P} \tag{6-2}$$

由式(6-2)可见随着转速 n_M 的降低，Q 值越小，即 T 法测速在低速时有较高的分辨率。

(3)回零精度的保证。原点是系统的基准，如果基准的精度无法保证，则系统精度就更加无法保证了，所以回零(也称回参考点)精度对于机电系统来说是非常重要的。同样的道理，回原点的重复精度也是十分重要的。如果采用普通的机械开关、光电开关、磁力开关作为原点开关，随着回原点的速度快慢变化，这种开关带来的误差相当大，无法保证回原点的重复精度。在许多精密定位系统中通常采用原点开关和编码器的 C 信号组合使用来保证回原点的精度，如图 6-4 所示。

W0 为机械原点开关的信号有效宽度，W1 为码盘 C 信号的有效宽度，显然，靠机械原点作为回零信号不准确且同回零速度有关系，用编码器 C 脉冲作为原点比单纯用机械原点开关作回零信号准确得多。但由于电机转一圈发送一个 C 脉冲信号，对于增量编码器，多圈运动就有多个 C 脉冲，仅用 C 信号对于多圈运动回零是不行的，所以就采用 C 脉冲同机械原点组

合回零,寻找机械原点高电平+C 脉冲上升沿就可做到准确回零并且其回零重复精度不受回零速度影响。

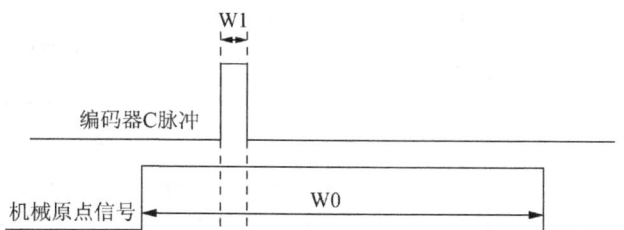

图 6-4　原点开关和编码器 C 信号组合保证回原点的精度

4. 实验步骤

(1)熟悉 AS-100 教学设备的使用及各种常用操作。

(2)学习 PMAC 读取编码器反馈脉冲数的方法以及 PEWIN 软件的使用方法。

(3)掌握实验所涉及的内部变量及修改参数的方法。

① M106:测速环节中 m_1 的值。

② I122:X 轴手动速度。

③ I910:X 轴电机码盘方式及倍频关系,7/3 表示 4 倍频,6/2 表示 2 倍频,5/1 表示 1 倍频。

④ I912:回零模式,3 表示组合方式,2 表示机械原点方式,1 表示 C 脉冲方式。

⑤ I123:X 轴电机回零速度,应<50。

(4)编码器辨向及 T 法测速实验。

① 将 AS-100 控制柜的所有电缆同 XY 平台连接好(包括电机动力线、码盘反馈线、限位回零线、光栅反馈线)。

② 在控制面板将“控制卡输出”的“脉冲正、脉冲负、方向正、方向负”同“驱动器输入”相对应端子连接,将“控制卡输入”的“码盘 A+、码盘 A-、码盘 B+、码盘 B-、码盘 C+、码盘 C-”同“驱动器输出”相对应端子连接。

③ 再次查看连线,确定没有错误后打开控制箱电源和计算机电源。

④ 运行 PEWIN 软件,分别单击 VIEW 菜单下的 POSITION 和 WATCH 子菜单,打开位置窗口和监视窗口。

⑤ 用鼠标单击监视窗口,按 INSERT 键,键入 M106->Y:$C000, 0, 24,M106 变量即 T 法测速式(6-1)中 m_1 的数值。

⑥ X 轴电机停转后,在终端窗口键入“I122”并回车,查看它的数值(改变此数值即改变 X 轴手动速度,单位 cts/ms,I122×1000×60/P 后单位变为 r/min,其中 P 为码盘反馈线数,可以经过计算后同伺服驱动器上的速度反馈值进行比较)。然后将 I122 的数值逐步增大或者减小,幅度为每次更改 2。重复上述步骤 9 次后填写表 6-1。

表 6-1　T 法测速数据表

驱动器显示的转速/(r/min)	计数器中脉冲个数 m_1（M106 的数值）	时钟脉冲频率 f_c/MHz	编码器分辨率（线）	利用公式计算所得转速 n_M/(r/min)	测速分辨率 Q
		10			

总结观测到的数据得出相应的结论。

（5）编码器信号的倍频译码。

① 在终端窗口中键入"I910"查看 X 轴电机码盘译码方式及倍频关系，当 I910 为 3 或 7 时，编码器经过了 4 倍频译码，即转一圈需要 8192 个指令脉冲。

② 将 X 轴电机移动到中间位置，在 PEWIN 终端窗口键入"J:8192"让电机转动，查看电机转动的圈数并做记录。

③ 将 I910 号参数改为 2 或 6（如果原来为 3 就改成 2，原来为 7 就改为 6，切不可搞错，否则电机将因为编码器译码方向错误而开环失去控制），使 X 轴码盘的译码方式变成 2 倍频正交译码。重复步骤②，让电机转动并记录运动圈数。

④ 将 I910 号参数改为 1 或 5，使 X 轴码盘的译码方式变成 1 倍频正交译码。重复步骤②，让电机转动并记录运动圈数。

（6）编码器 C 信号在设备回零中的作用。

① 在 PEWIN 终端窗口键入"I912=3"，使设备回零模式为编码器 C 信号上升沿和 X 轴原点信号高电平组合方式。在 PEWIN 终端窗口键入"I123"，查看 X 轴回原点的速度并记录。

② 按操作面板的"回原点"按钮，将 X 轴回到原点，然后在终端窗口键入"#3HMZ"，将光栅反馈值清零。

③ 将 X 轴平台移动到中间位置，然后按"回原点"键使 X 轴回原点。此时 POSITION 窗口中#3 显示的数值即回零误差，观察并记录。

④ 在终端窗口改动"I123"的值（减小或者加大），此值为 X 轴电机回零速度，注意不要将此值改得过大（不大于 50），过大由于磁力开关和电路的反应时间限制将会冲过原点。

⑤ 将电机运行到中央，重复步骤②、③、④。来回进行 5 次，记录每次回原点后光栅的反馈结果。

⑥ 在终端窗口改变 I912 值为 2，回零模式变为以原点开关高电平的模式。

⑦ 将电机运行到中央，重复步骤②、③、④，记录结果，并与上一次所记录的结果进行比较，然后总结出结论，填写表 6-2。

表 6-2　回零精度数据表

回零模式(I912 值)	回零速度(I123 值，单位：cts/ms)	回零绝对值(第三通道—原点处光栅反馈值)
3(码盘 C 信号同原点 开关组合回零)		
2(原点开关回零)		
1(码盘 C 信号回零)		

⑧ 在终端窗口改变 I912 值为 1，以编码器 C 脉冲信号上升沿作为回零标志，按"回原点"按钮，观察运行情况。

5. 思考题

(1)机电一体化系统中常用的检测元件有哪些？

(2)增量式编码器和绝对式编码器有何区别？

(3)利用增量式编码器测速如何实现？

(4)怎样做到精确回零？

6.2　可编程控制器的结构和使用实验

1. 实验目的

(1)掌握可编程控制器(PLC)的硬件配置和使用。

(2)可编程控制器编程软件(STEP 7 Micro/WIN)的使用方法。

(3)掌握可编程控制器(PLC)的简单编程。

2. 实验设备

(1)Siemens S7-200 可编程控制器(PLC)1 台。

(2)微机 1 台。

(3)可编程控制器(PLC)编程软件包(STEP 7 Micro/WIN)。

3. 实验内容

1)可编程控制器的硬件

观察 Siemens S7-200 可编程控制器(PLC)的组成，弄清其基本组件的功能，掌握输入输出的连接方式、I/O 点地址的定义。

S7-200 PLC 将一个微处理器、一个集成电源和数字量 I/O 点集成在一个紧凑的封装中，从而形成了一个功能强大的微型 PLC，参见图 6-5。

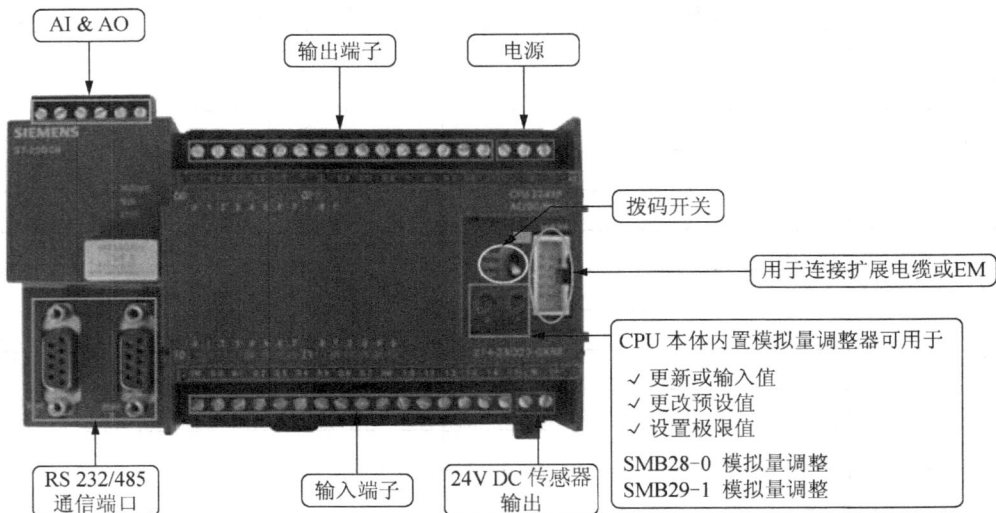

图 6-5　S7-200 微型 PLC

PLC 有运行、停止、监控三种工作状态，通过图 6-5 中拨码开关进行设置。将开关拨向停止位置时，PLC 处于停止状态，此时可以对其编写程序；将开关拨向运行位置时，PLC 处于运行状态，此时可以对其进行调试，不可以对其进行程序的编写；将开关拨向监控状态，在运行程序的同时还可以监视程序运行的状态。CPU 所处的工作状态可通过拨码开关左侧的三个状态指示灯显示出来：SF（系统错误）指示灯、RUN（运行）指示灯、STOP（停止）指示灯；通信端口可以连接 RS-485 总线的通信电缆。接口插座用于连接扩展模块，实现 I/O 扩展（图 6-5 中"用于连接扩展电缆或 EM"部分）。顶部端子盖下面为输出端子和 PLC 供电电源端子，输出端子的状态可以由底部端子的上方一排指示灯显示，ON 状态对应指示灯亮。底部端子盖下边为输入端子和 24V 传感器电源端子，输入端子的运行状态可以由底部端子上方的一排指示灯显示，ON 状态对应的指示灯亮。另外，PLC 的侧面还有存储器卡插槽可以插入 EEPROM 卡、时钟卡和电池卡。

PLC 的 CPU 存储器分为系统程序存储器和用户程序存储器。系统程序相当于个人计算机的操作系统，由生产厂家设计并固化在 ROM（只读存储器）中，用户不能读取。用户程序存储器分为 RAM（随机存取存储器）、EEPROM（可电擦除可编程的只读存储器）。PLC 的用户程序通过编程器或安装在计算机上的编程软件来编制并传送到 CPU 模块的存储器中。I/O 模块除了具有传递信号的功能外，还有电平转换和隔离的作用。

S7-200 分为 AC220V 电源型和 DC24V 电源型两种，内部的开关电源为各种模块提供不同电压等级的直流电源，同时 PLC 还可以为输入电路和外部电子传感器提供 DC24V 电源。

S7-200PLC 主要有 2～7 种扩展单元，用于扩展 I/O 点数和完成某些特殊功能的控制。主要包括数字量 I/O 模块、模拟量 I/O 模块、通信模块、特殊功能模块等几类。

2) 可编程控制器编程软件 STEP 7 Micro/WIN

熟悉可编程控制器 (PLC) 编程软件 STEP 7 Micro/WIN，通过编制一段程序输入微机，来熟悉程序的编辑、下载、调试和监控。可通过以下例子 (图 6-6)，搞清楚几个问题。

(1) 输入输出的定义 (程序和 PLC 的对应)。

(2) 程序的输入方法和下载、运行的过程。

(3) 根据实际程序的运行结果，对输入输出的逻辑关系进行分析。

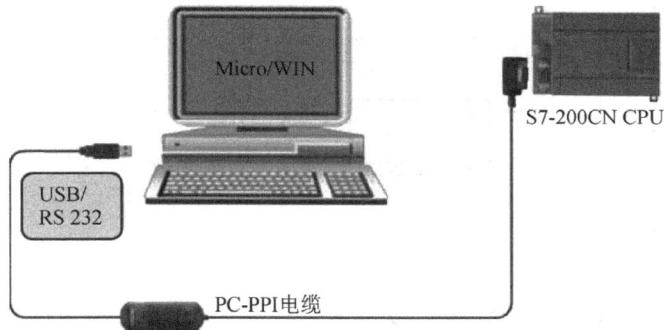

图 6-6　PPI 电缆连接图

3) 编程实例

问题 1：图 6-7 中，如果在按下启动开关后 3s，电机开始旋转，直到按下停止按钮，电机才停止旋转。如何编程呢？参考程序如图 6-8 所示。

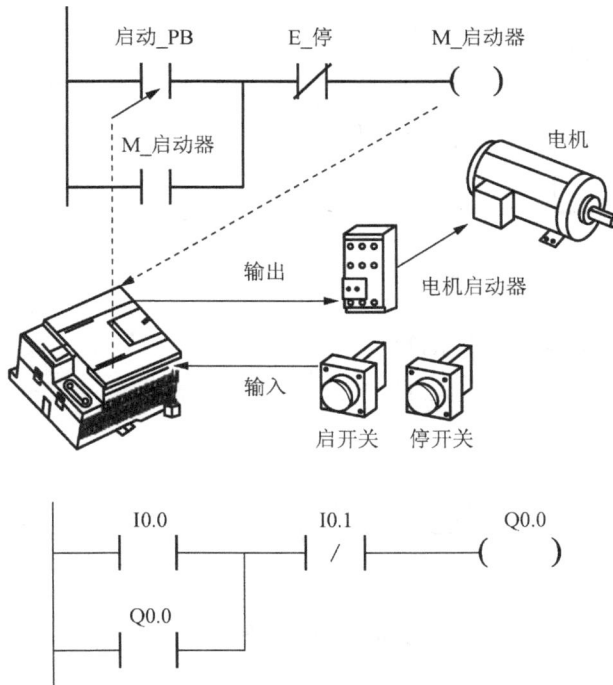

图 6-7　简单程序示例

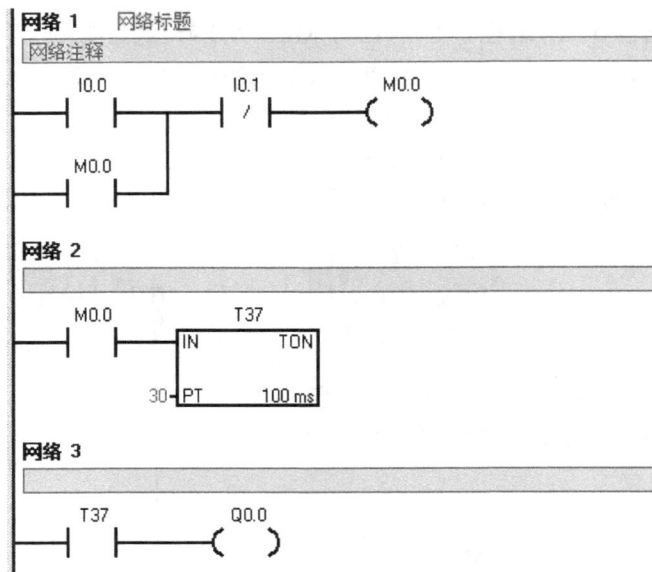

图 6-8　问题 1 程序

问题 2：图 6-7 中，如果在按下启动开关后，电机立刻旋转，旋转 3s 后或者是按停止开关后，电机停止旋转。又如何编程呢？参考程序如图 6-9 所示。

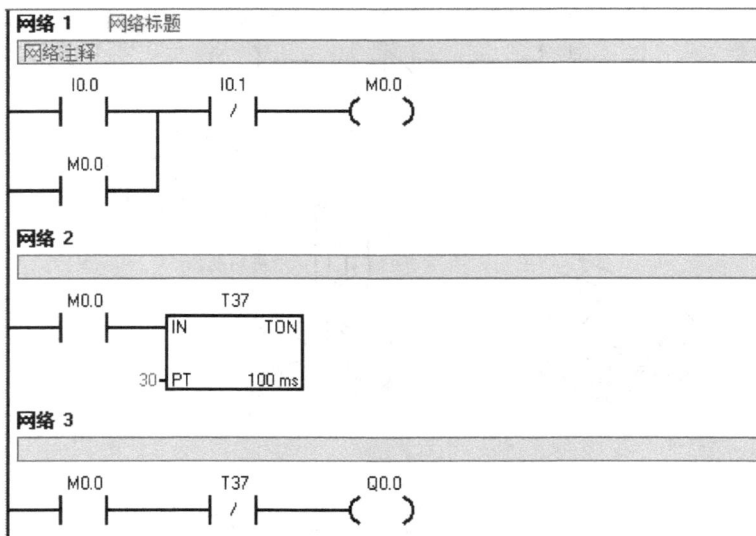

图 6-9　问题 2 程序

4. 实验要求

(1) 必须搞清可编程控制器 (PLC) 的系统组成，掌握输入输出的连接方式和 I/O 点地址的定义。

(2)学会简单程序的编制、输入、下载、调试以及硬件的连接等。

5. 思考题

(1)结合实验过程程序的调试,完成实验报告。

(2)为什么通常的启动按钮接常开触点,而停止按钮接常闭触点?

6.3　自动化生产线虚拟设计及调试实验

1. 实验目的

(1)了解 MSM 2103 软件环境下搭建设计生产线工序站点的方法。

(2)掌握 PLC 实际应用中输入输出之间的关系,与执行机构和传感器的接线方法。

(3)进一步掌握 PLC 编程及调试方法。

2. 实验设备或软件

(1)FMS 加工系统一套,五个独立站点联合工作。

(2)30 个节点的 MSM 机电一体化仿真软件。

(3)MSM 软件使用手册。

3. 实验内容

(1)自动化生产线由上料、测量、加工、检测、仓储 5 个工序点构成。每个工序点以 PLC 为控制核心,连接传感器及不同执行机构完成各自的功能,站点间以 Profibus 总线相连。

(2)分析每个工序点的任务需求,确定 PLC 型号、传感器、执行机构类型,规划 PLC 输入输出口的连接方案,完成每个工序点的搭建。

(3)根据工序点动作任务,编制 PLC 程序流程图。

(4)MSM2103 软件环境下编制 PLC 程序。基本指令的类型范例如下:

A　　M0.0　　与 M0.0

A　　I124.1　　与 I124.1,用于检测 124.1 输入端口的状态

AN　I124.0　　与非 I124.0,用于检测 124.0 输入端口的状态

S　　Q125.0　　置 Q125.0 为 1,使连接输出端口 125.0 口的执行机构动作

R　　Q125.1　　置 Q125.0 为 0,取消连接输出端口 125.0 口的执行机构的动作

同时由于各位置的传感器灵敏性高及 PLC 时钟频率快,所以采用延时的方法,让执行构件将动作做充分,以承接下一个执行动作。定时器语法如下:

L　　S5T#1S　　定义一个 1s 的定时器

SD　T0　　　　启动该定时器,1s 延时结束后延时接通寄存器 T0 置 1,可通过判断 T0 的状态来检测延时是否结束

(5)在 MSM2103 环境下调试好 PLC 程序后,将程序通过编程电缆下载到工序站点 PLC 中,控制执行机构,完成该工序点任务。

4. 实验步骤

(1)学生将自己学号除以 5,余数所对应的工序点就是自己的实验任务。

(2)观看该工序点视频，配合接线图，确认其机构组成、工作任务，分析其动作流程，绘制流程图。

(3)进入 MSM2103 机电一体化仿真环境，根据教师的讲解对仿真环境的基本操作进行练习，主要练习模型的搭建及控制信号的连线。

(4)搭建工序点的仿真模型。

(5)分析接线图，熟悉控制系统所用的执行机构触发及传感器的使用方法。

(6)根据工作流程图编写 PLC 控制程序，并进行仿真，注意进入 PLC 编程环境时需将 Edit 菜单下的 Language 设置为 International。在仿真时单击 PLC 的 Signal 面板上 Run 按钮，使 PLC 指示灯变绿。

(7)仿真成功后，对照接线图，检查工序点 PLC 输入输出端口连接线的一致性。接通工序点电源、气泵开关，连接编程电缆，将程序下载到 PLC 中。

(8)操作工序点操作面板按钮，实际运行所编制的程序。

(9)根据实际运行情况，调整自己的程序，重点调整延时程序。

(10)撰写实验报告，报告中要求包含以下内容。

① 绘制的站点工作流程图，要求各个动作步骤之间有延时，要体现站点各个工位执行的条件性。

② 列出 PLC 程序清单及每行标注含义，要体现出 PLC 程序对机械执行装置每一步控制的唯一性。

③ 输出仿真模型文件。

5. 各工序点建模、连线说明

1)上料工序(Loading)

(1)模型构成。在 MSM2103 虚拟设计软件中，选择表 6-3 中所示零部件，构建上料单元模型。

表 6-3　上料工序模型构成

Cell	Gitter Drehtischmodule	地面
Tray	SL-Tisch Zufuehren	工作台
Single components	Zufuehmodul 30mm	仓库
Single components	Station Schwenkumsetzer ZF	吸盘摇臂
PLC	Loading PLC IOS EA124-125	PLC
Accessories	Zufuehren-BP-LT-START	启动键
Accessories	Werkstueck schwarz OK 2 或 Werkstueck Metall OK 2 等	工件

(2)仿真模型中 PLC 信号线的连接。搭建好模型后，根据控制需求，连接每个零部件的输入输出接口和 PLC 的输入输出接口，如表 6-4 所示。

表 6-4　上料工序接线说明

输入信号	说明	PLC
-B00：吸盘摇臂	摇臂在起始角度	I125.0
-B01：吸盘摇臂	摇臂在终止角度	I125.1
-B02：仓库	工件推杆在收起状态	I125.2
-B03：仓库	工件推杆在推出状态	I125.3
-B04：仓库	仓库中有工件	I125.4
-S05：仓库	工件在供料位置	I125.5
起始按钮	启动开始键	I124.1
输出信号	说明	PLC
-Y00：吸盘摇臂	使摇臂到起始角度	Q125.0
-Y01：吸盘摇臂	使摇臂到终止角度	Q125.1
-Y02：吸盘摇臂	吸盘工作	Q125.2
-Y03：仓库	工件推杆将工件推出	Q125.3
-Y04：仓库	工件推杆收回	Q125.4

2）测量工序（Measuring）

（1）模型构成。MSM2103 虚拟设计软件中，选择表 6-5 中所示的零部件，搭建测量单元。

表 6-5　测量工序模型构成

Cell	Gitter Drehtischmodule	地面
Tray	SL-Tisch Messen	工作台
Single components	Messen Pick and Place	旋转夹臂
Single components	Station Messen Analog（2）	测量装置
PLC	Measuring PLC IO124-125	PLC
Accessories	Messen-BP-LT-START	启动键

（2）仿真模型 PLC 信号线连接。搭建好模型后，根据控制需求，连接 PLC 和各零部件的输入输出接口，如表 6-6 所示。

表 6-6　测量工序接线说明

输入信号	说明	PLC
-B00：旋转夹臂	旋转夹臂在上方	I125.0
-B01：旋转夹臂	旋转夹臂在终止角度	I125.1
-B02：旋转夹臂	旋转夹臂在起始角度	I125.2
-B03：旋转夹臂	夹子关闭	I125.3
-B04：测量装置	载物小车在下方	I125.4
-B05：测量装置	载物小车在上方	I125.5
起始按钮	启动开始键	I124.1

输出信号	说明	PLC
-Y00：旋转夹臂	使旋转夹臂下降	Q125.0
-Y01：旋转夹臂	使旋转夹臂到终止位置	Q125.1
-Y02：旋转夹臂	关闭夹子	Q125.2
-Y03：测量装置	使载物小车上升	Q125.3
-Y04：测量装置	使载物小车下降	Q125.4

3）加工工序（Drilling）

（1）模型构成。在 MSM2103 软件中，选择表 6-7 所示的零部件，搭建加工工序模型。

表 6-7　加工工序模型构成

Cell	Gitter Drehtischmodule	地面
Tray	SL-Tisch Bohren	工作台
Single components	Station Bohren schwankumsetzer	吸盘摇臂
Single components	Station Bohren-1	钻孔机
PLC	Drilling PLC IO124-125	PLC
Accessories	Bohren-BP-LT-START	启动键

（2）模型中 PLC 信号线连接说明。搭建好模型后，根据控制需求，连接 PLC 与各零件的输入、输出接口，如表 6-8 所示。

表 6-8　加工工序实体模型接线

输入信号	说明	PLC
-B00：吸盘摇臂	摇臂在起始角度	I125.0
-B01：吸盘摇臂	摇臂在终止角度	I125.1
-B02：钻孔机	小车在起始位置	I125.2
-B03：钻孔机	小车在钻头下方	I125.3
-B04：钻孔机	钻头在上方	I125.4
-B05：钻孔机	钻头在下方	I125.5
起始按钮	启动开始键	I124.1
输出信号	说明	PLC
-Y00：吸盘摇臂	使摇臂到起始角度	Q125.0
-Y01：吸盘摇臂	使摇臂到终止角度	Q125.1
-Y02：吸盘摇臂	吸盘工作	Q125.2
-Y03：钻孔机	使小车运动到钻头下方	Q125.3
-Y04：钻孔机	钻头下降	Q125.4
-K05：钻孔机	钻孔	Q125.5

4）检查工序（Checking）

（1）模型构成。在 MSM2103 虚拟设计软件中，选择表 6-9 中的零部件，搭建检查工序模型。

表 6-9　检查工序仿真模型构成

Cell	Gitter Drehtischmodule	地面
Tray	SL-Tisch Pruefen	工作台
Single components	Mess-System Anzeige-1	显示器
Single components	Schitten Pruefen	载物小车　线形运输机
Single components	Pick and Place Pruefen	旋转夹臂
Single components	Pruefstation Schlitten	传感器辨识装置
PLC	Checking PLC IO124-125	PLC
Accessories	Bedienpult Pruefen	控制面板
Accessories	Bohren-BP-LT-START	启动键

（2）模型 PLC 输入输出端口连接。搭建好模型后，根据控制需求，连接 PLC 与各零部件的输入、输出接口，如表 6-10 所示。

表 6-10　检查工序实体模型接线

输入信号	说明	PLC
-B00:旋转夹臂	旋转夹臂在上方	I124.0
-B01::旋转夹臂	夹臂在初始角度	I124.1
-B02::旋转夹臂	夹臂在终止角度	I124.2
-B03:旋转夹臂	夹子关闭	I124.3
-S04:线性运输机	载物小车在准备位置	I124.4
起始按钮	启动开始键	I125.6
输出信号	说明	PLC
-Y00:旋转夹臂	使旋转夹臂下降	Q124.0
-Y01:旋转夹臂	使旋转夹臂到终止位置	Q124.1
-Y02:旋转夹臂	关闭夹子	Q124.2
-K03: 线性运输机	使载物小车到准备位置	Q124.3
-K04: 线性运输机	使载物小车到起始位置	Q124.4

5）仓储工序（Storage）

（1）模型构成。在 MSM2103 虚拟设计软件中，选择表 6-11 中零部件，搭建仓储工序模型。

表 6-11　仓储工序模型构成

Cell	Gitter Drehtischmodule	地面
Tray	SL-Tisch Lagern-3R	工作台
Single components	Station Lagern V2	分拣装置
PLC	Storage PLC IO124-125	PLC
Accessories	Lagern-BP-LT-START	启动键

（2）模型 PLC 信号连接。搭建好模型后，根据控制需求，连接 PLC 与零部件的输入、输

出接口, 如表 6-12 所示。

表 6-12　仓储工序实体模型接线

输入信号	说明	PLC
-B00: 分拣装置	旋转吸盘在上方	I125.0
-B01: 分拣装置	旋转吸盘在下方	I125.1
-S02: 分拣装置	旋转吸盘在取料位置	I125.2
-S03: 分拣装置	旋转吸盘在第一号仓库	I125.3
-S04: 分拣装置	旋转吸盘在第二号仓库	I125.4
-S05: 分拣装置	旋转吸盘在第三号仓库	I125.5
启动按钮	启动开始键	I124.1
输出信号	说明	PLC
-Y00: 分拣装置	使旋转吸盘上升	Q125.0
-Y01: 分拣装置	使旋转吸盘下降	Q125.1
-Y02: 分拣装置	吸盘工作	Q125.2
-K03: 分拣装置	使旋转吸盘到取料位置	Q125.3
-K04: 分拣装置	使旋转吸盘到起始位置	Q125.4

第 7 章　制造装备及其自动化技术实验

7.1　工业机器人编程控制实验

工业机器人是重要的制造系统装备，也是典型的机电一体化系统。在熟悉工业机器人结构的基础上，掌握工业机器人通用编程语言、程序仿真方法及编程控制方法才能使工业机器人在自动化制造系统中充分发挥其强大功能，这也是机械工程及自动化专业本科生必须掌握的基本技能。

本节精心设计了三个实验：工业机器人编程环境基础实验、工业机器人编程仿真实验、工业机器人编程控制实验。这三个实验循序渐进，环环相扣，前一实验是后一实验的基础，同时这三个实验也是 7.3 节柔性制造系统综合实验的基础，只有在掌握这三个实验的基础上，才能较好地完成 7.3 节的实验。

7.1.1　工业机器人编程环境基础实验

1．实验目的
(1) 熟悉和掌握 MSM 2103 软件的基本使用方法。
(2) 了解常用的工业机器人编程语言的种类，熟悉 ACL 机器人编程语言。
(3) 掌握如何在 MSM 2103 软件中创建工业机器人模型。
(4) 为后续实验奠定基础。

2．实验设备和工具
(1) 安装有 MSM 2103 软件及加密狗的计算机。
(2) MSM 操作指令(SL-MSM 2101/2102 Operating Instructions)手册。

3．实验内容
(1) 熟悉 MSM 2103 软件界面及操作。
(2) 熟悉常用的工业机器人编程语言的种类。
(3) 通过例程序熟悉 ACL 机器人编程语言指令及程序结构。
(4) 在 MSM 2103 中创建一个工业机器人模型。
(5) 熟悉编写工业机器人控制程序的步骤和方法。

4．实验步骤
(1) 通过阅读或查阅 MSM 操作指令手册，熟悉 MSM 2103 软件界面及操作。
(2) 加载 SCO5A_1.BCI 系统工程，通过界面操作完成下列任务。

① 通过"Object Working …"菜单命令及通过"Object …"窗口面板熟悉和掌握实现对系统模型的管理，包括插入、复制、移除、删除 Object、设置 Object 参数、查看 Object 信息等的方法。

②　通过"Teach-box …"菜单命令及通过"Teach-box"窗口面板熟悉和掌握利用示教盒来操作控制机器人，并通过观察"View"窗口观察机器人的动作的方法。

③　通过"Control …"菜单命令及通过"Camera"窗口熟悉和掌握"Camera"窗口中每个按钮的用途及使用方法，包括摄像头位姿与移动速度设置、仿真对象表示与仿真速度设置、View 窗口分割与排列布局等。

④　通过"Editor …"菜单命令及通过"Program"窗口熟悉和掌握加载、编写和存储机器人程序的方法。

⑤　熟悉和掌握"Simulation"菜单下的各个命令的功能并通过观察"View"窗口中机器人的动作掌握每个命令的执行效果。

⑥　阅读并单步执行 SCO5A_1.PRG 程序，熟悉 ACL 机器人程序的结构、常用程序命令及每个命令的功能及执行效果；SCO5A_1.PRG 程序中主要命令的功能如表 7-1 所示。

表 7-1　ACL 命令及功能说明

PROGRAM prog	开始一个名为 prog 程序块
SPEED XX	设置机器人伺服位置控制速度为 XX，XX 为 1～100，默认为 50
OPEN	夹持器的夹头张开
CLOSE	夹持器的夹头闭合
LABEL n GOTO n	产生一个程序循环，循环从 LABEL n 开始，到 GOTO n 结束
MOVED pos	末端操作器移动到位置 pos。MOVED 命令保证在执行下一命令前，确实已经移动到了 pos 位置
MOVELD pos	末端操作器沿线性路径移动到位置 pos。MOVELD 命令保证在执行下一命令前，确实已经移动到了 pos 位置
DELAY var	延迟 var/100s
END	结束当前程序块

⑦　通过机器人配置窗口，了解当前机器人所使用的编程语言，并掌握更改机器人编程语言的方法，同时了解机器人编程语言的种类。

(3) 执行 MSM 2103 软件的"Project → New"菜单命令，创建一个名为 RobotLab1.BCI 的工程。然后执行下列步骤。

①　在"Object…"窗口中通过执行"Object"菜单的相应命令添加一个"Grid 1.1"坐标系单元、一个"Scorbot-ERV"机器人。

②　通过调整"Object…"窗口中的"Coordinate system"下的坐标值，可以调整机器人在坐标系中的位置和姿态角度。

③　这时，就已经创建了一个简单的工业机器人仿真模型，如图 7-1 的"View"窗口所示。

④　在图 7-1 所示的简单模型的基础上，通过操作示教盒(Teach-box)实现对机器人的简单控制。

⑤　将机器人的编程语言设置为 ACL，在"Program"窗口中编写一个简单的机器人控制程序，使机器人能够以不同的运动速度实现关节运动。

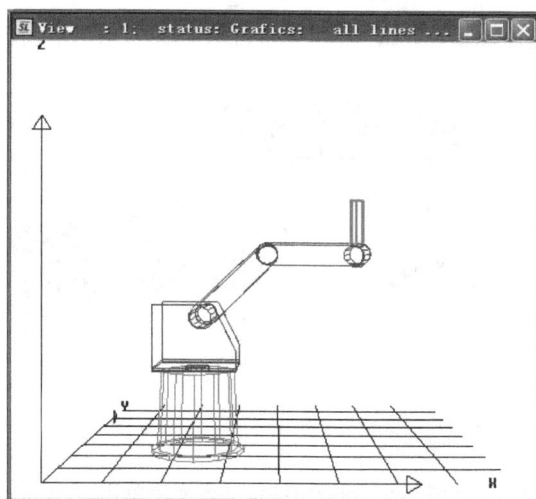

图 7-1　添加机器人后的 "View" 窗口

5. 思考题

(1) 机器人的编程语言有哪些？

(2) 针对图 7-1 的机器人仿真模型，编写一个简单的机器人控制程序，使机器人能够以不同的运动速度实现关节运动。

7.1.2　工业机器人编程仿真实验

1. 实验目的

(1) 熟悉和掌握使用 MSM 2103 软件建立制造系统模型。

(2) 熟悉 MSM 2103 软件的仿真工作环境。

(3) 加深对教学环节中所获柔性制造单元(FMC)和工业机器人(ROBOT)知识的理解和巩固。

(4) 学习和培养针对某具体案例进行实验的能力。

(5) 为本章后续实验奠定基础。

2. 实验设备和工具

(1) 安装有 MSM 2103 软件及加密狗的计算机。

(2) MSM 操作指令(SL-MSM 2101/2102 Operating Instructions)手册。

3. 实验内容

建立如图 7-2 所示的一个制造系统机器人搬运单元模型，通过编程控制机器人实现将位于工作台 1 上的 10 个边长为 100mm 的立方体零件搬运到工作台 2。机器人与工作台以及搬运前 10 个零件的相对位置如图 7-3 所示。搬运到工作台 2 上后 10 个零件仍然为 2 行 5 列排列，但行距为 400mm，列距为 150mm。

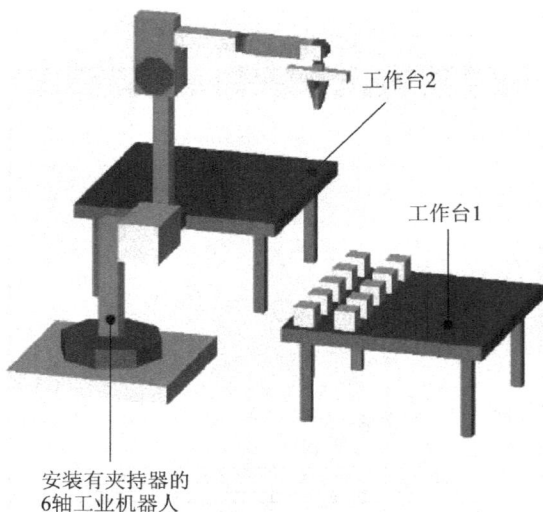

图 7-2　制造系统机器人搬运单元

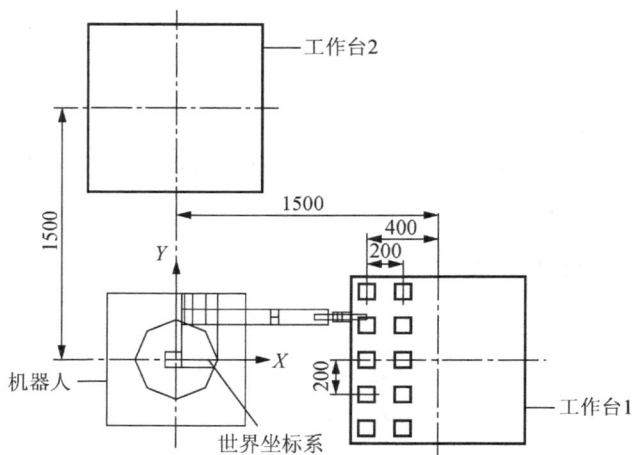

图 7-3　单元及搬运前的零件位置示意图

4. 实验步骤

1) 创建制造系统机器人搬运单元模型

创建一个名称为 RobotLab2.BCI 的工程，并逐步添加图 7-2 中的系统组成对象（Object）。表 7-2 给出了要添加对象的名称、尺寸及相对位置坐标。

表 7-2　要添加对象的名称、尺寸及相对位置坐标

对象及尺寸	参考坐标系统	相对位置坐标
hall 8m×3m×8m	WORLD	无变化 (所有 = 0)
ROBO-6K	hall 8/3/8 foot	$X = 2500\text{mm}$ $Y = 4000\text{mm}$
gripper jaw 1	ROBO-6K 6th axis	被自动包含 (绕 X 轴旋转 90°)
table 1.0m×0.5m×1.0m	hall 8/3/8 foot	$X = 2500\text{mm}$ $Y = 5500\text{mm}$

续表

对象及尺寸	参考坐标系统	相对位置坐标
table 1.0m×0.5m×1.0m(2)	hall 8/3/8 foot	$X=4000\text{mm}$ $Y=4000\text{mm}$
1st work piece(cube 100 mmedge length)	table 1.0m×0.7m×1.0m(2) plate	$X=-400\text{mm}$ $Y=400\text{mm}$
2nd work piece(cube 100 mmedge length)	table 1.0m×0.7m×1.0m(2) plate	$X=-400\text{mm}$ $Y=200\text{mm}$
⋮	⋮	⋮
9th work piece (cube 100 mm edge length)	table 1.0m×0.7m×1.0m(2) plate	$X=-200\text{mm}$ $Y=200\text{mm}$
10th work piece (cube100 mm edge length)	table 1.0m×0.7m×1.0m(2) plate	$X=-200\text{mm}$ $Y=400\text{mm}$

至此，就创建了一个与图 7-2 相同的制造系统机器人搬运单元模型。

2）使用 SL2 语言编写机器人搬运程序

设抓取零件时，抓取器首先要移动到距离零件上方 250mm 的高度，然后才能下降并抓取零件，抓取零件后再上升 400mm 的高度，才能将零件搬运到工作台 2 的确定位置。第一个零件相对于机器人零点的位置坐标为 $X=1100\text{mm}$、$Y=400\text{mm}$、$Z=570\text{mm}$。然后执行以下步骤。

（1）使机器人回到零点位置，并将零点坐标保存为 p0。

（2）将机器人编程语言设置为 SL2，并在"Program"窗口中编写机器人搬运程序，首先编写将工件 1 从工作台 1 搬运到工作台 2 上的程序，然后单步仿真每行程序的执行，通过"View"窗口观察机器人的动作及执行结果，确保编写的程序正确无误。

（3）为了将工件 2～10 从工作台 1 转运到工作台 2，最好的编程方法是利用循环。通过将工件在工作台 1 上 X 方向的距离 dx1 和 Y 方向的距离 dy1 分别设定为 200，将工件在工作台 2 上 X 方向的距离 dx2 设定为 150 和 Y 方向的距离 dy2 设定为 400，即可容易地利用循环实现将所有工件从工作台 1 转运到工作台 2 的相应位置。

（4）单步仿真每行程序的执行，通过"View"窗口观察机器人的动作及执行结果，确保编写的程序正确无误，并加深对程序的理解。

（5）连续仿真整个程序，了解整个程序的执行过程及程序执行周期，确保机器人搬运任务准确无误地连续完成。

3）使用 VAL II 语言编写机器人搬运程序

将机器人编程语言设置为 VAL II，采用与 2）相同的方法，编写具有同样功能的机器人搬运程序，并对所编写的程序分别进行单步和连续仿真，确保整个过程及结构准确无误。表 7-3 分别给出了参考的 SL 2 机器人语言搬运程序及对应的 VAL II 语言搬运程序，供学生分析参考。

5. 思考题

（1）如何建立制造系统的仿真模型？

（2）通过分析表 7-3 中的 SL 2 机器人语言及对应的 VAL II 机器人语言搬运程序，分别掌握 SL 2 和 VAL II 机器人编程语言程序的结构特点及相互区别。

表 7-3　SL2 语言及对应的 VAL II 语言机器人搬运程序

SL 2 程序	VAL II 程序
REAL x, y, z, x1, y1, dx1, dy1,dx2, dy2, i, j, diff_x,diff_y	.Program ROBOTLAB2_VAL
x=1100	X=1100
y=400	Y=400
z=820	Z=820
diff_x=-1500	DIFF_X=-1500
diff_y=1100	DIFF_Y=1100
x1=x+diff_x	X1=X+DIFF_X
y1=y+diff_y	Y1=Y+DIFF_Y
dx1=200	DX1=200
dy1=200	DY1=200
dx2=150	DX2=150
dy2=400	DY2=400
V_PTP=80	SPEED 80 ALWAYS
V_INT=20	
MOVP p0	MOVE p0
DRAWON（14）	DRAWON（14）
OPENGR	OPENI
FOR i=0 TO 1	FOR I=0 TO 1
BEGIN	FOR J=0 TO 4
FOR j=0 TO 4	
BEGIN	
MOVP（x+i*dx1, y-j*dy1, z, 180, 0, -180)	SET P1=TRANS（X+I*DX1, Y-J*DY1, Z, 90, 90, 0）
	MOVE P1
	SPEED 20
DEPARTL -250	DEPARTS -250
CLOSEGR	CLOSEI
DEPARTL 400	DEPARTS 400
MOVP（x1+j*dx2, y1-i*dy2, z, 180, 0,-90)	SET P2=TRANS（X1+J*DX2, Y1-I*DY2,Z, -180, 90, 0）
	MOVE P2
	SPEED 20
DEPARTL –250	DEPARTS -250
OPENGR	OPENI
DEPARTL 400	DEPARTS 400
END	END
END	END
MOVP p0	MOVE P0
END	END

7.1.3　工业机器人编程控制实验

1. 实验目的

(1)要求学生掌握使用机器人控制器建立机器人的组位置和点位置的方法。

(2)掌握机器人的实际操作。

(3)掌握 MSM 软件环境对机器人的控制。

(4)加深对教学环节中所获工业机器人(ROBOT)知识的理解和巩固。

(5)学习和培养针对某具体案例进行实验的能力。

2．实验设备和工具

（1）安装有 MSM 2103 软件及加密狗的计算机。

（2）MSM 操作指令（SL-MSM 2101/2102 Operating Instructions）手册。

（3）Scorbot ER Ⅸ机器人。

（4）Scorbot ER Ⅳ机器人。

3．实验内容

在 Scorbot ER Ⅸ机器人、Scorbot ER Ⅳ机器人和 MSM 2103 软件平台上，使用机器人示教控制器按照 7.1.2 节仿真实验建立机器人实际搬运路径，并使用在线程序和监视器控制机器人运行，按设计完成机器人的搬运操作。具体内容包括以下两部分。

（1）根据仿真中设计路径建立机器人的实际搬运路径。

（2）使用监视器和在线程序控制机器人按照程序完成搬运。

4．实验原理

1）Scorbot ER Ⅸ机器人的组成和结构

Scorbot ER Ⅸ机器人由如图 7-4 所示的多个机械臂及关节（轴）组成，其中，通过示教控制器可以改变机器人 1、2、3、4 和 5 轴角度，从而控制末端执行器（执行机构）的位置。

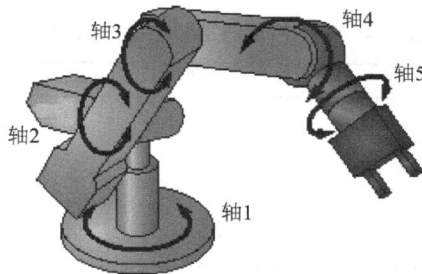

图 7-4　机器人的 5 个关节（轴）定义

2）示教控制器（Teach-box）

示教控制器可以控制机器人动作，保存机器人的关键位置，并控制机器人按照保存记录进行动作。机器人示教控制器如图 7-5 所示，由显示区域、工作方式选择旋钮、急停开关和按键区域组成。

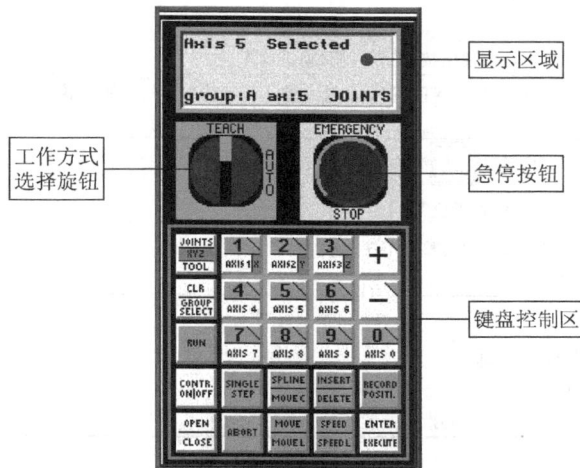

图 7-5　示教控制器

Scorbot ER Ⅹ示教控制器键盘区的结构如图 7-6 所示,各主要功能键的功能如表 7-4 所示。

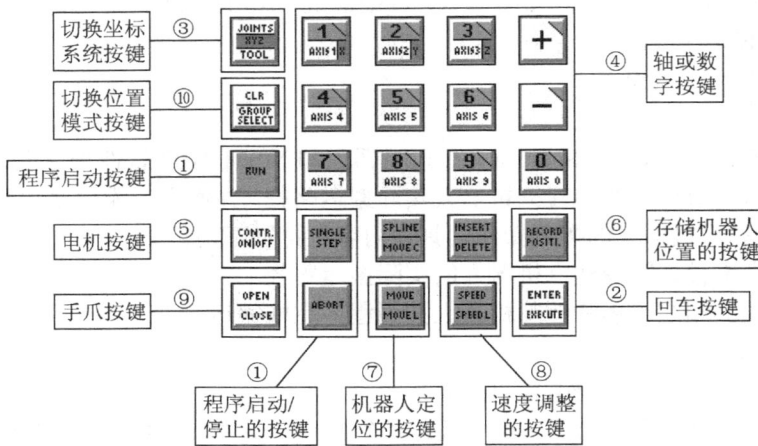

图 7-6　示教控制器键盘

表 7-4　示教控制器主要按键的功能列表

区域	作　　　用
①	程序启动和停止按键 RUN 是程序启动按键 SINGLE STEP 是单步运行按键 ABORT 是程序停止按键,按该按键将使控制器中存储的程序丢失
②	输入按键。执行要开始的程序时,使用按键 RUN +数字键+按键 ENTER EXECUTE,如使用 AXIS 0 时,执行机器人复位程序
③	切换该按键选择坐标系统,如 Joints、XYZ 坐标系统,被选择的坐标系统会显示在显示屏幕的最底行的右侧 Joints 坐标系统可改变机器人 1、2、3、4 和 5 轴相邻两臂间的夹角 XYZ 坐标系统可改变机器人末端执行机构(即手爪)的 X、Y 和 Z 方向位置
④	切换该按键选择机器人轴 在 Joints 方式下,白色区域有效 在 XYZ 方式下,紫色区域有效 蓝色区域为数字区域 选择了在显示中所确认的轴后,可使用按+键和-键移动机器人
⑤	当机器人发生意外操作后,该按键 CONTR.OFF 功能启动,即电机被锁死;如机器人操作中超出最大行程 使用 CONTR.ON 恢复电机功能
⑥	存储机器人位置的按键。该按键受 CLR 键的影响 当通过 CLR 键选择 Group A 时保存点位置 选择 Group B 时保存组位置,即机器人整体沿 T 轴位置 位置点数据可使用数字按键输入
⑦	该键受 Joints TOOL 键的影响 在 Joints 方式下,功能 MOVE 激活 在 XYZ 方式下,功能 MOVE L 激活 使用该键和数字按键可将机器人移动到指定位置

续表

区域	作　　用
⑧	该按键可用来调整机器人的速度。该键功能受 Joints/XYZ/TOOL 键的影响 在 Joints 方式下，调整 1、2、3、4 和 5 轴运动速度 在 XYZ 方式下，调整 X、Y、Z 轴运动速度
⑨	打开和关闭机器人的执行机构(手爪)
⑩	组模式选择键 Group A 模式，机器人在 Joints 或 XYZ 坐标系基础上执行操作 Group B 模式，机器人沿 T 轴执行操作

3) MSM 2103 在线控制环境

在下拉菜单 Simulation 中选择 On-line Program，将启动程序模块"控制软件"直接控制机器人。位于编辑器中的机器人程序将被编译，并传给控制模块。

On-line Program 子菜单一旦选择，仿真环境则不再工作，而是对实际机器人进行控制。此时在"Simulation"菜单中的操作编程是对实际机器人的操作。

5. 实验步骤

(1) 仔细阅读 MSM 软件帮助手册和 Scorbot ER IX机器人编程指导手册，了解机器人在线操作方法。

(2) 根据 7.1.2 节实验仿真情况，规划机器人完成的工作任务，如排列工件或设计的某工件搬运路径。

(3) 打开机器人专用气泵和机器人控制柜电源。

(4) 启动 MSM 2103 软件。

(5) 将机器人示教控制器工作方式选择按钮切换至 Teach 模式，选择 RUN 和 0/AXIS 对机器人进行初始化置位。

(6) 将机器人示教控制器工作方式选择按钮切换至 Auto 模式，在 Monitor 窗口中，键入 Auto，回车；再键入 home 7，进行 T 轴初始化置位。

(7) 记录机器人搬运工件(或物料)的实际位置。

① 将机器人示教控制器工作方式选择按钮再次切换至 Teach 模式，使用 SPEED 键调整机器人速度，使用示教控制器按照搬运工件(或物料)路径中的实际位置，记录机器人的点位置和组位置。

② 在 Auto 模式下，在 Monitor 窗口调整机器人运动速度，使用 MSM 中 Teach list 窗口中保存机器人的示教点位置和组位置，将这些位置保存为某一文件(*.TEA)，然后在 Teach list 中选择 List 按钮中 Load 菜单，将该文件中的示教位置载入到机器人控制器中。

(8) 打开 7.1.2 节实验中建立的仿真项目，再次检查仿真程序，直至确保程序正确。

(9) 在下拉菜单 Simulation 中选择 On-line program，进入在线控制环境。

(10) 在 Simulation 下拉菜单中，使用 Simulation single step，单步执行编写的搬运程序。

(11) 检查程序是否正确，直至正确。

(12) 在下拉菜单 Simulation 中选择 Start 子项，将 MSM 编辑器中的程序经过编译，传至机器人控制器中，开始运行，搬运工件。

(13) 关闭软件 MSM2103。

(14) 关闭机器人控制柜电源和专用气泵。

6. 实验要求

(1)实验之前，要求认真预习，仔细阅读 MSM 软件帮助手册和 Scorbot ER Ⅸ机器人编程指导手册。

(2)机器人运行前，要检查是否与周围设备发生干涉，机器人行走路径节点的选择保证无干涉，取料送料位置正确。

(3)在机器人运行过程中，指定专门人员负责掌管示教控制器的急停按钮，以避免发生危险。

(4)在机器人实际的操作中，务必在指导教师的监督下执行。

7. 思考题

(1)分析和比较 Scorbot ER Ⅳ和 Scorbot ER Ⅸ机器人在结构和组成上的差异。

(2)加载 MSM 2103 系统自带的任意的 Scorbot ER 系列机器人工程，通过示教控制器和机器人程序两种方法，完成机器人模拟仿真与在线实际运行控制，熟练掌握机器人示教及编程控制方法。

7.2 PLC 编程控制实验

7.2.1 熟悉 PLC 硬件及 STEP7 软件环境实验

1. 实验目的

(1)了解 Siemens S7 300/400 PLC 的硬件结构及使用方法。

(2)熟悉和掌握 STEP7 软件的使用，掌握创建编写 PLC 程序的方法。

2. 实验设备和工具

(1)西门子 S7 300/400 PLC CPU 模块及相关的电源模块、总线模块、数字 I/O 量模块、模拟 I/O 量模块等。

(2)被控电机、开关、接触器、连接导线等。

(3)安装有 STEP 7 V5.5 以上版本软件及 S7-PLCSIM 工具包软件的计算机。

3. 实验内容

(1)认识 PLC 的硬件模块并了解其结构。

(2)熟悉实验设备，并进行连线组装及软件系统安装。

(3)熟悉 STEP 7 软件的编程环境及编程方法。

(4)设计一个 PLC 程序，实现电机的正转、反转和停止功能，PLC 的 I/O 节点分配如表 7-5 所示。

表 7-5 PLC 的 I/O 点分配表

输入点		输出点	
停止按钮 SB1	I0.0	正向接触器 KM1	Q0.1
正向启动按钮 SB2	I0.1		
反向启动按钮 SB3	I0.2	反向接触器 KM2	Q0.2

绘制程序框图和梯形图，调试仿真运行并实际控制电机运行。

4. 实验步骤

(1) 启动 SIMATIC Manager 程序，运行 STEP 7 软件主界面。

(2) 执行 File→New 菜单命令，创建一个名为 PLCLAB1 的项目。

(3) 右击 PLCLAB1 项目名称，选择 Insert new object，如果项目 CPU 是"S7-300"，则单击 SIMATIC 300 STATION，生成一个 S7-300 的项目；如果项目 CPU 是"S7-400"，则单击 SIMATIC 400 STATION，生成一个 S7-400 的项目。

(4) 单击 PLCLAB1 左边的"+"，选中 SIMATIC 300(1)，然后选择 Hardware，打开硬件组态界面。

(5) 双击 SIMATIC 300\RACK 300，然后将 Rail 拖入左边空白处，生成空机架。

(6) 双击 CPU-300→CPU314C-2DP→6ES7 314-6CF01-0AB0，将其拖到机架 RACK 的第 2 个 Slot，一个组态 Profibus-DP 的窗口弹出，在 Address 中选择分配你的 DP 地址，默认为 2。

(7) 单击 OK 按钮，即向主机架的 2 号槽添加了紧凑型 CPU 模块，若有其他模块，依次在其他槽中添加即可。

(8) 单击 Save and Compile，保存并编译硬件组态，完成硬件组态工作。

(9) 检查组态，单击 STATION\Consistency check，如果弹出 NO error 窗口，则表示没有错误产生。

(10) 回到 STEP 7 管理器界面窗口，左击窗口左边的 Block 选项，则右边窗口会出现 OB1 图标，双击 OB1 即可根据控制要求编写 PLC 程序了。

(11) 绘制实现电机的正转、反转和停止功能的程序框图并编制 PLC 梯形图程序。

(12) 编译并仿真运行程序，通过仿真运行分析程序逻辑是否正确。

(13) 进行 PLC 与开关、接触器及电机的连线。

(14) 将 PLC 程序下载到 S7-300 PLC，控制电机的实际运行，确认电机能够实现正确的正、反转和停止控制。

5. 实验注意事项

(1) 接线时注意各模块的工作电压，防止接错；接线过程中要关闭各路电源开关，严禁带电接线。

(2) 严禁私自拆卸 PLC 主机、PC/MPI 适配器、MPI/DP 通信接口以及 PROFIBUS-DP 主从接口，严禁取出装载存储器 MMC 卡。

(3) 严禁打开计算机机箱，按正确的方法开关计算机，不得随意删除计算机上的软件，严禁在计算机上设置任何密码。

6. 思考题

(1) 试设计一个 PLC 程序，实现利用单按钮控制一个信号灯的状态，具体要求如下。

① 按钮为无自锁按钮，不能用计数器。

② 按一下按钮信号灯亮，再按一下按钮信号灯灭。

③ 编制 PLC 梯形图程序，并调试运行。

(2)绘制本实验实现电机正、反转和停止控制的程序框图，编制梯形图程序，并调试运行。

7.2.2　MSM 2103 环境 PLC 编程控制实验

1．实验目的

(1)熟悉 MSM 2103 软件建模和仿真环境，以及可编程逻辑控制器编辑环境。

(2)掌握 Siemens 的 S7-300 PLC 的编程技术。

(3)加深对教学环节中所获可编程逻辑控制器(Programmable Logic Controller)知识的理解和巩固。

(4)学习和培养针对某具体案例进行实验的能力。

2．实验设备和工具

(1)安装有 MSM 2103 软件及加密狗的计算机。

(2)MSM 操作指令(SL-MSM 2101/2102 Operating Instructions)手册。

(3)西门子 S7 300/400 PLC CPU 模块及相关的电源模块、总线模块、数字 I/O 量模块、模拟 I/O 量模块等。

(4)被控电机、开关、接触器、连接导线等。

3．实验内容

(1)认识 MSM 2103 环境中与 PLC 有关的界面及其操作。

(2)在 MSM 2103 环境下，建立一个简单的制造系统模型，通过 PLC 控制电机的正反转，来实现将一个零件从 A 位置搬运到 B 位置或从 B 位置搬运到 A 位置。

(3)编制实现上述功能的 PLC 程序，并在 MSM 2103 环境中进行仿真。

(4)连接 PLC 与电机控制电路，通过 PLC 对电机进行实际控制。

4．实验原理

1)MSM 2103 建模和仿真环境

在 MSM 2103 中，与 PLC 控制有关的命令主要是 Tools 菜单下的 Signal 命令和 Editor 命令，命令的功能如表 7-6 所示。

表 7-6　MSM 2103 的 Tools 菜单下与 PLC 有关的命令

命令	命令的功能
Signals	启动 PLC 信号窗口，给出与 PLC 相连的传感器和执行器的信号信息，即 1 状态和 0 状态。当为 1 状态时，呈黄色，如图 7-7 所示
Editor	启动 PLC 程序的编辑器，用于编辑或查看 PLC 程序，如图 7-8 所示

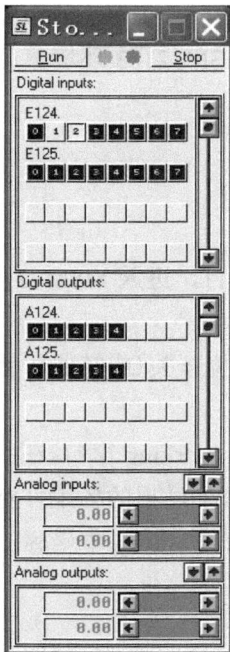

图 7-7　PLC 信号窗口

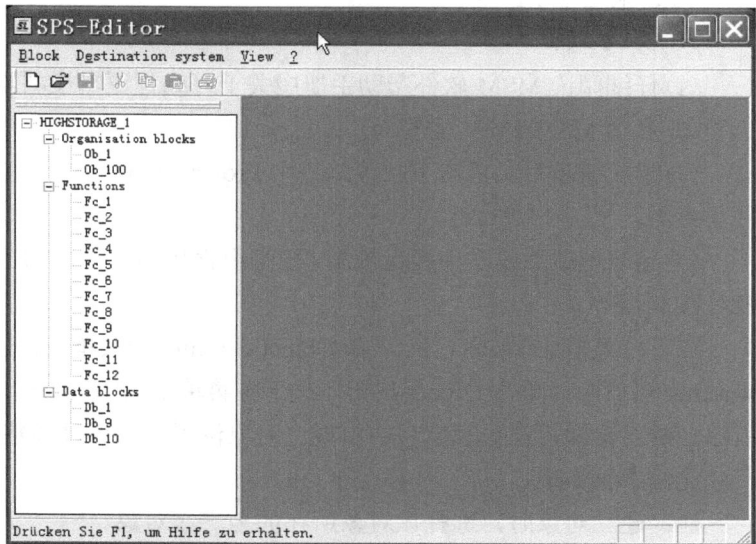

图 7-8　PLC 程序编辑器

2) S7-300 编程语言

S7-300 采用了结构化程序设计的优点，用文件块的形式管理用户编写的程序及程序运行所需的数据。如果这些文件块是子程序，可以通过调用语句，将它们组成结构化的用户程序。

(1) S7-300 用户程序结构。S7-300 用户程序由组织块 (OB)、功能块 (FC)、数据块 (DB) 构成。其中，OB 是系统操作程序与用户应用程序在各种条件下的接口界面，用于控制程序的运行。OB1 是主程序循环块，在任何情况下，它都是需要的。功能块 (FC) 实际上是用户程序，为不带"记忆"的功能块。数据块 (DB) 是用户定义的用于存取数据的存储区，也可以被打开或关闭。

(2) 编程语言。如果在 MSM 2103 仿真环境中装入一个可编程控制器，使用参数化窗口将其作为软可编程控制器，存在一个有效的、产生可编程控制器程序的编辑器。该编辑器使用的指令是基于 Siemens STEP 7 语言的。

3) MSM 2103 的可编程逻辑控制器编辑环境

MSM 2103 软件是一个集系统建模与运行仿真于一体的仿真平台，当在视窗中添加可编程逻辑控制器对象之后，在 Tools 下拉菜单中就会列出 PLC 子项，选择该 PLC，并单击其下列表中 Editor，即可进入可编程逻辑控制器编译环境，该环境提供了完整的菜单用于实现 PLC 程序的创建、编辑、编译、通信参数设置以及将 PLC 程序下载给 PLC 站点或将 PLC 站点的现有程序上传到 PC 等。

值得注意的是：MSM2103 的可编程逻辑控制器编辑环境并不能直接采用梯形图编程，而只能使用指令表语言进行编程。为此，我们可以借用实验 7.2.1 节所使用的 STEP 7 软件来首先进行梯形图编程并进行仿真，然后在 STEP 7 软件中将梯形图转换为指令表语言程序，然后将其复制到 MSM2103 的可编程逻辑控制器编辑器，然后就可以在 MSM 2103 环境下仿真并控制 PLC 来运行了。

5. 实验步骤

(1)仔细阅读 MSM 软件帮助手册中关于可编程逻辑控制器的内容。

(2)启动 MSM 2103 程序。

(3)建立新项目。单击下拉菜单栏中 Project 下拉菜单，建立新项目，进入 MSM 2103 软件主界面。

(4)建立制造系统零件搬运模型，模型组件包括零件、传送带、限位开关(或其他传感器)、PLC 控制器等。

在下拉菜单栏 Project 下，选择 Object working 子菜单，打开 Object working 窗口。在 Object working 窗口中，单击 Object 按钮，从下拉菜单中选择 Insert，依次添加站点的各组件对象，所添加的对象即可在仿真窗口中出现。对象位置可以通过调整 Object working 中坐标位置和尺寸比例参数实现。

注：建立对象时，选择该对象所在的上一级对象。

(5)建立可编程逻辑控制器编程与对象各组件的连接，如图 7-9 所示。

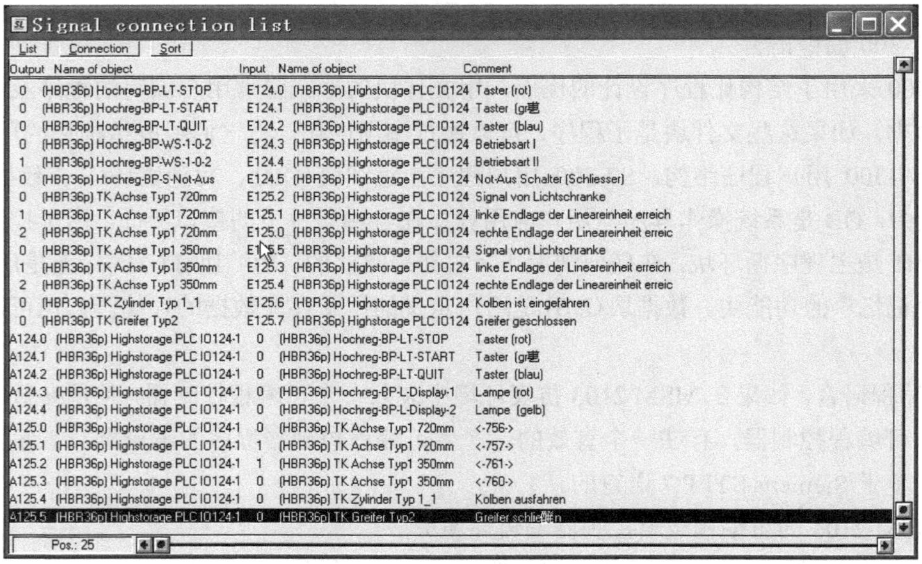

图 7-9 PLC 与各对象的信号连接

(6)编写 PLC 控制程序。

(7)在 Simulation 下拉菜单中选择 Start 子菜单，对程序进行编译并开始仿真。编译后，软件会自动提示程序中错误问题，按照提示修改程序，直至程序正确完成仿真。

(8)执行 SPS-Editor 窗口 Destination system 菜单下的 Complete transmission PC→PLC → Complete program 命令，将 PLC 程序下载给所选物理 PLC。

(9)进行必要的连线，并使用 PLC 去控制电机的运行，对比仿真结果与实际控制结果。

(10)关闭 PLC 及电机电源，退出 MSM 2103 程序，完成本实验。

6. 实验要求

(1)实验之前，要求认真预习，仔细阅读 MSM 软件帮助手册。

(2)分析选择站点的功能和运行过程时，指派专门人员控制急停按钮，以避免发生危险状况。

7. 思考题

(1)在 MSM 2103 环境中，如何根据实际需要，创建一个制造系统仿真模型。

(2)在 MSM 2103 环境中，与 PLC 有关的界面元素有哪些，其主要作用是什么？

(3)在 MSM 2103 环境中，如何编辑、编译、仿真 PLC 程序并应用 PLC 程序实际去控制一个被控对象？

(4)在 STEP 7 环境下和在 MSM 2103 环境下编写 PLC 程序有什么不同？在不同环境下编写的 PLC 程序能否互相转换？如何转换？

7.2.3　自动仓库和包装站点 PLC 控制实验

1. 实验目的

(1)熟悉 MSM 2103 软件中与可编程逻辑控制器有关的菜单、信号定义及编辑环境。

(2)进一步熟悉 Siemens 的 S7-300 PLC 编程。

(3)掌握 MSM 2103 软件中 PLC 程序的编辑、下载方法。

(4)了解立体仓库和包装站的工作流程，加深对 PLC 控制原理及控制程序的理解。

(5)学习和培养针对某具体案例进行实验的能力。

2. 实验设备和工具

(1)SL-FMS 教学型柔性制造系统及与之相配套的工程文件(Maincircle.BCZ)。

(2)安装有 MSM 2103 软件及加密狗的计算机。

(3)MSM 操作指令(SL-MSM 2101/2102 Operating Instructions)手册。

(4)自动仓库(图 7-10)和包装站点(图 7-11)。

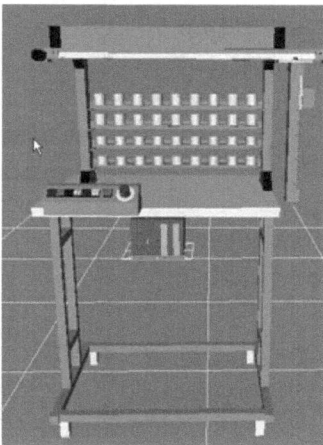

图 7-10　自动仓库站点

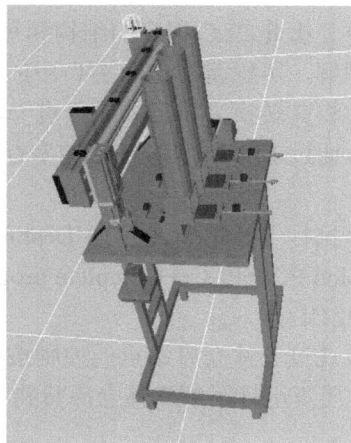

图 7-11　包装站点

3. 实验内容

(1)分析立体仓库和包装站的结构组成及工作流程。

(2)根据立体仓库和包装站各自工作流程需要,定义其控制 PLC 的 I/O 端口、总线输入输出信号。

(3)分析和理解立体仓库 PLC 控制程序和包装站 PLC 控制程序。

(4)将各自的 PLC 程序分别下载给立体仓库和包装站,并在立体仓库和包装站上运行各自的 PLC 控制程序,了解立体仓库和包装站的工作流程,加深对 PLC 控制原理及控制程序的理解。

4. 实验步骤

(1)仔细阅读 MSM 软件帮助手册中关于可编程逻辑控制器的内容。

(2)启动专用气泵和站点电源。

(3)分别分析立体仓库和包装站的结构,并通过站点的控制按键控制站点运行,并详细记录和描述站点的功能和工作过程。

(4)启动 MSM 2103 程序。

(5)导入项目。执行 Project 菜单下的 Import…命令,在弹出 Import project 的对话框中找到 Maincircle.BCZ 文件所在的目录,选择此文件并单击 Import…按钮导入工程,导入后的工程被自动命名为 Maincircle.BCI。

(6)打开 Object working 窗口,并在视图窗口中找到立体仓库下的 PLC,单击此 PLC,此时 Object working 窗口会自动定位到(HBR36p)Highstorage PLC IO 124-125 行,双击此行即可打开 Parameter window 对话框。

(7)Parameter window 对话框是对 PLC 的 I/O 端口、Profibus 总线输入输出地址等参数进行配置的窗口。通过此对话框了解与此 PLC 相关的各项参数的配置。

(8)执行 Tools 菜单下的 Signals…命令,打开如图 7-12 所示的 PLC 信号窗口,图 7-12 中显示的数字 I/O 和模拟 I/O 信号就是在上述的 Parameter window 对话框中定义的。

(9)执行 Tools 菜单下的 Editor…命令,打开 SPS-Editor 窗口,此窗口就是 PLC 的程序编辑窗口。

(10)分析此 PLC 程序的结构和每条指令功能。为了能达到更好更直观地理解,可以将 Editor 窗口中的程序块分别复制到 STEP 7 软件环境中,将其转换为梯形图进行进一步的分析理解。

(11)通过 MPI 电缆将 PC 的串行口与立体仓库 PLC 的 MPI 端口连接。

(12)执行 SPS-Editor 窗口 Destination system 菜单下的 Complete transmission PC→PLC→Complete program 命令,将 PLC 程序下载给立体仓库 PLC。

(13)通过立体仓库站点的控制按钮,启动立体仓库单步或连续运行。通过反复运行了解立体仓库货物存取流程,加深对 PLC 控制程序的理解。

(14)停止和关闭立体仓库站点的运行,关闭 SPS-Editor 窗口及 Signal 窗口。

图 7-12　PLC 信号窗口

(15)打开 Object working 窗口，并在视图窗口中找到包装站的 PLC，单击此 PLC，此时 Object working 窗口会自动定位到 Packing PLC IO 124-125 行，双击此行即可打开 Parameter window 对话框。

(16)执行与上述步骤(8)～(14)类似的过程，通过这些过程，了解包装站的工作流程，加深对 PLC 控制原理及控制程序的理解。

(17)关闭 MSM 2103 程序。

(18)关闭专用气泵和站点电源，完成本实验。

5. 实验要求

(1)实验之前，要求认真预习，仔细阅读 MSM 软件帮助手册。

(2)分析物料运储系统的功能和运行过程时，指派专门人员控制急停按钮，以避免发生危险状况。

6. 思考题

(1)简要论述立体仓库的组成及工作原理，绘制其 PLC 控制程序流程图。

(2)简要论述包装站的组成及工作原理，绘制其 PLC 控制程序流程图。

(3)根据立体仓库的 PLC 控制指令程序，给出对应的梯形图程序。

(4)根据包装站的 PLC 控制指令程序，给出对应的梯形图程序。

7.3　柔性制造系统综合实验

7.3.1　熟悉 SL-FMS 综合实验台认知实验

1. 实验目的

(1)熟悉 SL-FMS 综合实验台结构组成、系统功能。

(2)熟悉组成 SL-FMS 综合实验台的各个站点的功能、操作控制原理及方法。

(3)熟悉组成 SL-FMS 综合实验台的各个站点之间的通信接口及集成原理。

(4)熟悉 SL-FMS 综合实验台的工作流程及系统操作方法。

2. 实验设备和工具

(1)SL-FMS 综合实验台及与之相配套的工程文件(Maincircle.BCZ)及说明文件。

(2)MSM 操作指令(SL-MSM 2101/2102 Operating Instructions)手册。

(3)安装有 MSM 2103 软件及加密狗的计算机。

(4)与 SL-FMS 综合实验台各个组成站点相关的操作手册、编程手册等。

3. 实验内容

(1)认识 SL-FMS 综合实验台的组成及各个站点的功能。

(2)打开或导入 Maincircle 工程，对照 SL-FMS 综合实验台实体组成及站点功能，分析其仿真模型的结构。

(3)分析 SL-FMS 综合实验台各组成站点之间的通信接口，分析每个站点的独立参数及站点之间的接口参数配置是如何配置的。

(4)独立操作每个站点，熟悉其操作流程，分析其操作程序。

(5)操作整个 SL-FMS 综合实验台，熟悉其操作流程。

4．实验原理

SL-FMS 综合实验台是一个由数控加工设备、物料运储装置和控制系统等组成的自动化制造系统，如图 7-13 所示。

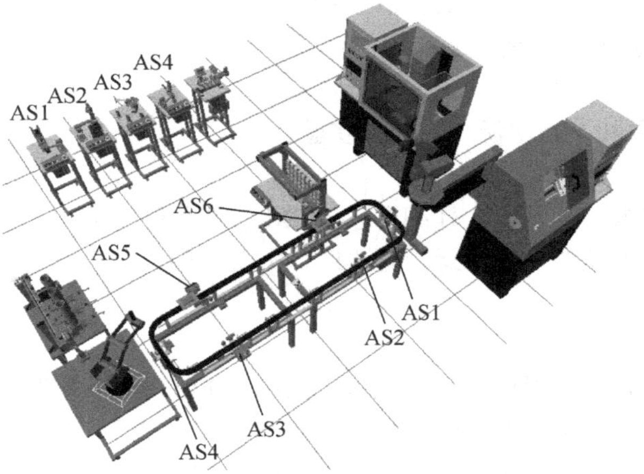

图 7-13　SL-FMS 硬件组成

SL-FMS 是一个模块化的柔性制造系统，由 SL 硬件模块、SL 连接模块和 SL 软件模块组成。

（1）SL 硬件模块可以通过简单部件、工作站和复杂装置构造出任意的任务。SL-FMS 有两部分技术成熟、按模块化构造的硬件模块以供系统构建和使用。

第一部分硬件模块由以下部分组成。

① 物料运储系统（6 个定位装置+2 个运送装置）。

② 站点 AS1——机器人 Robot ERIX+ 数控机床 CNC Milling / CNC Turning。

③ 站点 AS2——预留点。

④ 站点 AS3——人。

⑤ 站点 AS4——机器人 Robot ERV+ 包装机。

⑥ 站点 AS5——人。

⑦ 站点 AS6——自动化仓库。

第二部分硬件模块由以下部分组成。

① AS1——上料站点。

② AS2——测量站点。

③ AS3——钻孔站点或分类站点。

④ AS4——存储站点。

其中，自动化仓库站点、包装机站点、上料站点、测量站点、钻孔站点、分类站点和存储站点都可以作为由 PLC 控制的独立站点使用，每个站点都有其相应功能和工作过程。

（2）SL 连接模块建立与所有 PLC 支持应用的连接，如图 7-14 所示，即在 PLC 上开发的过程将通过连接模块直接由可编程控制器进行控制；另一方面该模块也可以控制所有硬件元件，如工作站点和装置。

（3）SL 软件模块，MSM2103 建模和仿真软件模块，可在屏幕上构造简单的部件和复杂的、PLC 支撑的自动化装置。使用者可以使用软件方便、有效地建立、测试、控制任意的自动化过程。软件可将涉及各领域的元件、部件组合在一起。在仿真时，也可对在真实硬件环境下运行时会产生干扰的过程情况进行评价。

SL-FMS 综合实验台通过通信系统将各个站点集成为一个完整的柔性制造系统，其通信系统主要由 PLC 和 Profibus 总线组成，具体如图 7-15 所示。

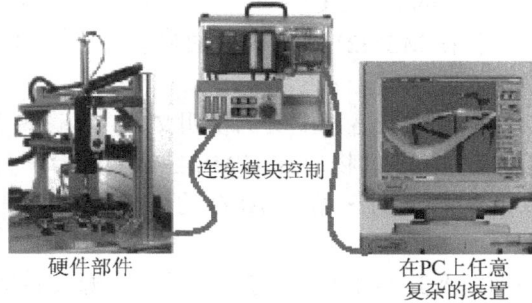

硬件部件　　　　　连接模块控制　　　　在PC上任意复杂的装置

图 7-14　SL 连接模块

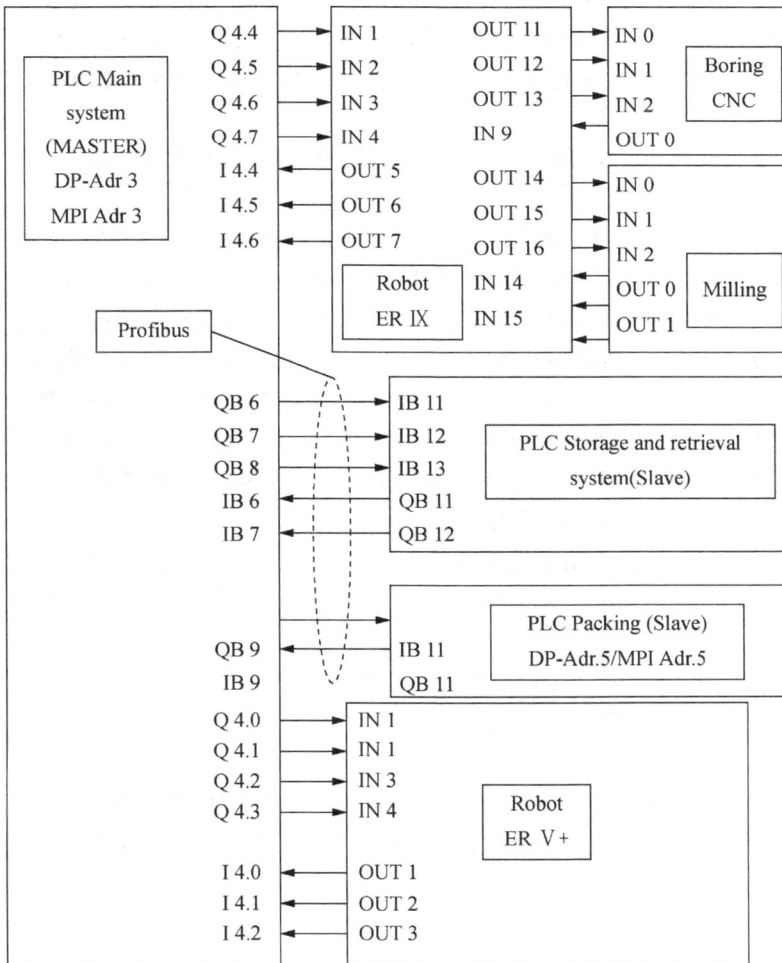

图 7-15　SL-FMS 的通信系统连接

5. 实验步骤

(1)启动 MSM 2103 程序。

(2)在 MSM 2103 中打开或导入 Maincircle 项目。如果在 7.2.3 节的实验中已经导入了 Maincircle 工程，则直接打开 Maincircle.BCI 文件；如果还没有导入 Maincircle 工程，则导入 Maincircle.BCZ 文件。这样，就在 MSM2103 环境中加载了一个与 SL-FMS 相对应的制造系统模型。

(3)打开 SL-FMS 综合实验台及与之相配套的说明文件，阅读说明文件，对照 MSM 2103 中的 SL-FMS 制造系统模型及实验室的物理 SL-FMS 综合实验台，分析和了解 SL-FMS 系统的功能原理、结构组成以及站点 AS1～站点 AS6 的详细工作流程、操作控制面板及其使用方法。

(4)熟悉 SL-FMS 主控面板及其操作方法，打开主系统电源及各站点电源，打开专用气泵，操作主控面板启动主控系统开始工作。

(5)分别单独启动站点 AS1 的工业机器人 ER IX 和站点 AS4 的工业机器人 ER V，首先使用示教控制器控制 ER IX/ER V 机器人回到原点，然后完成不同的动作，到达不同的位置，然后通过 MSM 2103 下载 Maincircle 工程中的机器人程序给 ER IX/ER V 机器人，使其完成一系列规定的动作循环。

(6)分别单独启动站点 AS1 的数控车床和数控铣床，通过测试程序对机床进行加工循环测试，验证机床能进行正常工作。

(7)分别单独启动站点 AS4 包装站和 AS6 站点的立体仓库，通过 MSM 2103 下载 Maincircle 工程中的 PLC 程序给这两个站点，确认它们能够正确地完成各自的工作循环。

(8)对照 SL-FMS 系统的通信连接图(图 7-15)，分析 SL-FMS 系统各个站点之间的连接与信息传递关系，分析 PLC、Profibus 总线是如何将各个独立的站点关联(集成)起来的。

(9)根据图 7-15 的通信连接关系，排查分析各站点之间的通信线路连接，确认硬件连线与图示一致，然后在 MSM 2103 软件环境中，根据图 7-15 的通信连接逐个检查主控 PLC、AS4 站点从控 PLC、AS6 站点从控 PLC 的 I/O 端口分配及 Profibus 总线的端口分配，进一步理解 I/O 端口的分配原理及 PLC 的动作逻辑。

(10)在充分了解整个 SL-FMS 系统结构组成、操作逻辑及工作流程的基础上，启动并空载运行整个 SL-FMS 系统，仔细观察各个站点之间的动作逻辑关系，确认整个系统按所设计的工作流程工作。

(11)按顺序关闭专用气泵、各站点电源及主系统电源。

(12)关闭 MSM 2103 程序，完成本实验。

6. 实验要求

(1)实验之前，要求认真预习，仔细阅读 MSM 软件帮助手册及各站点说明文件。

(2)在启动运行各站点及整个 SL-FMS 系统前，指派专门人员在系统运行期间控制急停按钮，以避免发生危险状况。

7. 思考题

(1)分析 SL-FMS 系统的结构组成及工作原理。

(2)分析图 7-15 所示的 SL-FMS 系统的通信连接图，结合实验观察到的各个站点之间的动作逻辑关系，绘制整个 SL-FMS 系统的信号传递关系图。

(3)简要论述单独启动和操作每个站点以及整个 SL-FMS 系统的步骤和方法。

7.3.2　SL-FMS 综合自动化实验

1. 实验目的

本实验在 7.3.1 节对 SL-FMS 综合实验台充分了解的基础上，着手应用 SL-FMS 系统进行两个简单零件的加工、装配及包装，使学生亲身了解制造系统的生产过程，并能够从系统的角度加深对数控车、数控铣、立体仓库、包装及总控等过程的理解，学习制造系统各部分的操作、编程与调试，以及制造过程中的协同工作，切实地体验自动化加工的优点和现存的不足之处，实验目的如下。

(1) 熟悉并掌握柔性制造系统 SL-FMS 的基本构造。

(2) 理解数控车、数控铣、立体仓库、包装及总控等生产制造过程。

(3) 掌握 MSM 软件的使用以及 MSM 环境中柔性制造系统的设计。

(4) 掌握 EXSL-WIN7 软件的编程及仿真等主要功能。

(5) 掌握 PLC、机器人编程 ACL 语言、数控机床程序设计。

(6) 学习利用 PLC 控制柔性制造系统，实现各个单元模块的通信与集成。

(7) 掌握系统各单元的主要功能实现方法以及系统总体联调方法。

2. 实验设备和工具

(1) SL-FMS 综合实验台及与之相配套的工程文件（Maincircle.BCZ）及说明文件。

(2) MSM 操作指令（SL-MSM 2101/2102 Operating Instructions）手册。

(3) 安装有 MSM 2103 软件及加密狗的计算机。

(4) 与 SL-FMS 综合实验台各个组成站点相关的操作手册、编程手册等。

3. 实验内容

本实验加工两个零件，零件图如图 7-16 所示，零件的材料为铝材，其特点是重量轻，容易切削。其中零件 1（使用毛坯 A，车床上加工）和零件 2（使用毛坯 B，铣床上加工）应该良好配合，其在 SL-FMS 系统中的加工工艺路线如图 7-17 所示。

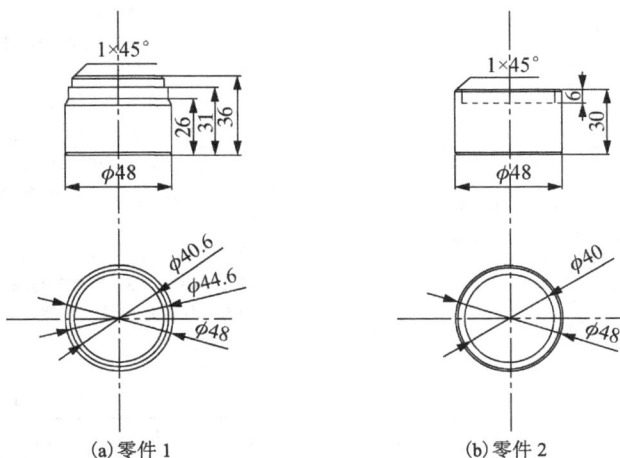

图 7-16　指定加工零件图

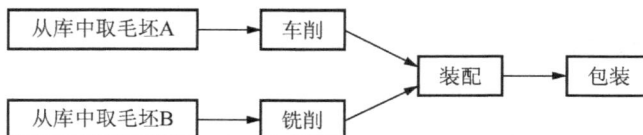

图 7-17 加工工艺路线

为了保证实验效果，零件 1 和零件 2 的加工为一个大组，在每一个大组中又分为若干小组。当完成工艺路线的制定和优化后，每个大组先进行小组内调试，各个小组分别运用 MSM、EXSL-WIN7 软件进行各个单元模块的仿真与调试；当每个小组的单元模块都调试、运行正常后，将全部小组合并在一起进行从上料到最终加工成零件直至包装全过程的联调，最后加工出图纸需求的产品。

4. 实验步骤

在实验中根据给定加工零件确定了工艺路线和加工工艺内容的要求，并进行分组，每个小组的实验内容以及实验步骤如表 7-7 所示。

表 7-7 实验分组、小组实验内容以及实验步骤

组别	小组实验内容	实验步骤
立仓组	设置零件编码； 确定零件在货架中的位置； 在 MSM 仿真环境下，编写 AS/RS 单元中的 PLC 程序； 程序联机调试与完善； 编写与主 PLC 的通信程序，并仿真调试； 与主 PLC 联机调试； 系统联调	(1) 根据所要加工的零件设计合理的仓库存储方案； (2) 规划存取路线，设计相应的程序流程； (3) 编写 PLC 程序实现零件的取送； (4) 编写与主 PLC 的通信程序； (5) 在 MSM 2003 软件上进行仿真调试； (6) 在实际系统平台上进行实现
车削组	在 EXSL-WIN 仿真环境下，根据零件形状使用系统提供的语言编写数控车床代码，仿真调试程序； 联机调试代码、试切车削； 编写与 ER IX 的通信程序； 与 ER IX 机器人联机调试； 系统联调	(1) 根据零件材料和刀具形状、尺寸，查阅金属切削手册，计算出主轴转速、进给速度和切削深度三要素；确定加工顺序； (2) 根据零件图纸编写数控车程序； (3) 在软件 EXSL-WIN7 的编辑状态下，使用多功能键盘，输入零件的数控车削程序，进行语法检查，模拟仿真加工情况； (4) 在数控车床上实际加工； (5) 编写与机器人 ER IX 的通信程序，进行系统联机调试
铣削组	在 EXSL-WIN 仿真环境下，根据零件形状使用系统提供的语言编写数控铣床代码，仿真调试程序； 联机调试代码、试切铣削； 编写与 ER IX 的通信程序； 与 ER IX 机器人联机调试； 系统联调	(1) 根据零件材料和刀具形状、尺寸，查阅金属切削手册，计算出主轴转速、进给速度和切削深度三要素；确定加工顺序； (2) 根据零件图纸编写数控铣程序； (3) 在软件 EXSL-WIN7 的编辑状态下，使用多功能键盘，输入零件的数控铣削程序，进行语法检查，模拟仿真加工情况； (4) 在数控铣床上实际加工； (5) 编写与机器人 ER IX 的通信程序，进行系统联机调试
ER IX 机器人组	在 MSM 环境下，编写 ER IX 机器人控制程序，仿真调试； 联机调试与示教找点； 编写与数控车床和铣床的通信程序与调试； 编写与主 PLC 的通信程序与调试； 系统联调	(1) 利用 MSM2003 软件进行建模及机器人运动仿真； (2) 规划机器人动作路径，设计程序流程； (3) 运用机器人编程 ACL 语言实现对机器人的控制； (4) 对自行设计的运动方案进行编程实现； (5) 编写握手程序实现机器人与系统的通信； (6) 在实际系统平台上进行实现

续表

组别	小组实验内容	实验步骤
包装组	在 MSM 环境下,编写包装机的 PLC 程序,并仿真调试; 编写与主 PLC 的通信程序,并仿真调试; 与主 PLC 联机调试; 系统联调	(1) 设计合理的包装流程; (2) 编写 PLC 程序实现包装过程; (3) 编写与主 PLC 的通信程序; (4) 利用 MSM2003 软件进行仿真调试; (5) 在实际系统平台上进行实现
ERV机器人组	在 MSM 环境下,编写 ERV 机器人控制程序,仿真调试; 编写与包装机的通信程序; 编写与主 PLC 的通信程序; 与主 PLC 联机调试; 系统联调	(1) 利用 MSM2003 软件进行建模及机器人运动仿真; (2) 规划机器人动作路径,设计程序流程; (3) 运用机器人编程 ACL 语言实现对机器人的控制; (4) 对自行设计的运动方案进行编程实现; (5) 编写握手程序实现机器人与系统的通信; (6) 在实际系统平台上进行实现
总体组	根据零件的加工工艺设计运输流程; 编写小车移动程序; 编写与 ASRS 机器人的通信程序; 编写与 ERIX 机器人的通信程序; 编写与 ERV 机器人的通信程序; 编写与包装机的通信程序; 联机调试; 系统联调	(1) 根据生产任务制定生产路线; (2) 设计物流轨道与其他各站点的通信接口及程序; (3) 在 MSM 环境中进行模型的搭建和系统控制程序开发; (4) 在软件平台上进行程序编写并仿真; (5) 在实际系统平台上进行实现

5. 思考题

实验结束后,每人按照自己所在小组的实验任务每人完成一份实验报告,最后由各实验大组的组长整理出完整的本大组的实验报告并提交,实验报告应包括下列主要内容。

(1) 实验时间、实验组别、小组组长、小组成员。

(2) 实验目的。

(3) 实验内容。

(4) 实验步骤。

(5) 实验过程中编制的程序、程序流程图。

(6) 实验中遇到的问题,以及相应解决问题的方法。

(7) 实验结果及收获总结。

第8章　机器人技术实验

8.1　引　　言

　　机器人技术是当今社会最热门的技术之一，是先进制造系统的核心技术，机器人在社会生产生活中越来越多的应用是社会发展的趋势。在高校中开展机器人知识的教学与实践培训，使学生掌握机器人的基础理论与基本技术，具有对典型机器人进行机构分析、运动学和动力学建模、机器人机械本体与控制系统设计等方面的能力，是高校满足社会对人才培养需求的必然要求。本章内容涉及工业机器人、服务机器人等一系列实验，实验的目的是增加学生对机器人的直观认识，加深学生对理论教学基础知识和原理方法的理解，提高学生对机器人设计与控制中工程问题的解决能力。实验教学的主要内容包括：通过对机器人常用分离元件以及典型机器人对象的认知、操作、控制以及综合运用实验，让学生了解机器人的本体结构组成，理解机器人自由度配置与系统构成原理，掌握机构自由度表达方法；通过实验加深学生对机器人运动学建模方法以及 D-H 参数物理意义的理解；了解并掌握机器人示教控制方法，能够通过示教操作与语言编程实现末端手爪抓放物体、曲线轨迹运动等功能；了解机器人编程语言，通过编程实现机器人点位控制与连续轨迹控制运动功能。

　　本节机器人基础实验，主要利用商业机器人套件，使学生认识并熟悉机器人的主要组成部件的结构与功能，如伺服电机、气缸、齿轮减速器等驱动传动元件，光电编码器、红外线传感器等位移与速度等传感器，以及机器人手爪等执行元件。本节包括两个实验，即机器人创意设计与控制实验和移动机器人运动控制实验。通过亲自动手设计、搭建、控制，使学生了解典型机器人本体结构、工作原理与运动特点。

8.2　机器人基础实验

　　本节工业机器人系统认知实验，以 UP6 和 IRB-120 通用六轴关节型工业机器人为实验对象，介绍工业机器人的本体结构组成，了解其动力系统、传动系统、执行系统、感知系统、决策系统、控制系统原理，掌握机器人自由度、工作空间、D-H 参数、示教编程方式等概念和方法。

8.2.1　机器人创意设计与控制实验

　　利用慧鱼模型系统及 LLWin3.0 软件平台，自主进行机器人创意设计，了解机器人常见驱动、传感、控制元件的结构与功能，了解机器人软件编程平台，掌握机器人编程方法。

　1. 实验目的

　　(1) 熟悉散装教学机器人的组成特点及控制原理，熟悉常见驱动、控制、传感元件的功用。

　　(2) 熟悉控制器的组成及连线方法，学习控制系统编程方法、调试及操作技法训练。

　　(3) 根据所提供的各种机器人组成单元，自主创意，设计、制作轮式移动、仿生足式等小型机器人的机械本体。

(4)编写程序，实现机器人的移动功能。

2. 实验设备和工具

1)机器人系统构成及基本功能

(1)系统构成。

机械本体部分：各种驱动元件、杆件、机体机座、连接件等机器人模型散装件。

传感器：接近干簧管等开关型传感器，红外循线发射器、红外接收器等常用类型传感器。

控制器系统：接口电路与控制电路、控制软件、计算机。

机器人创意实践作品如图 8-1～图 8-3 所示。

图 8-1　机器人创意实践作品 1

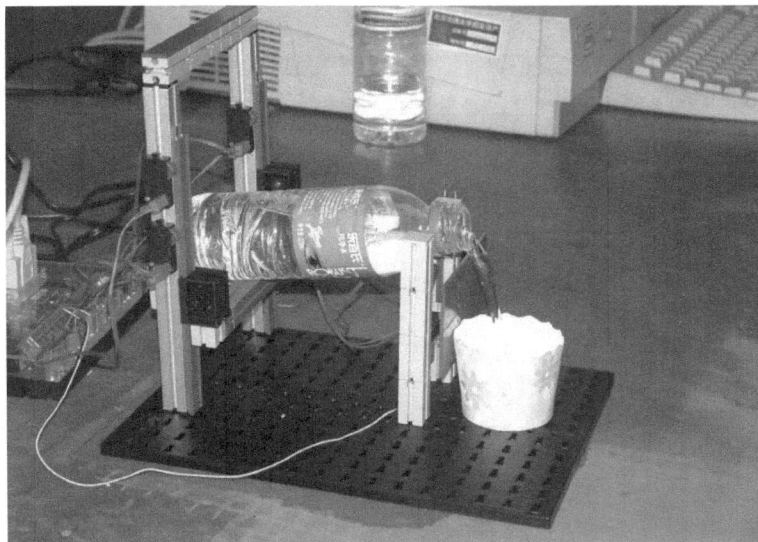

图 8-2　机器人创意实践作品 2

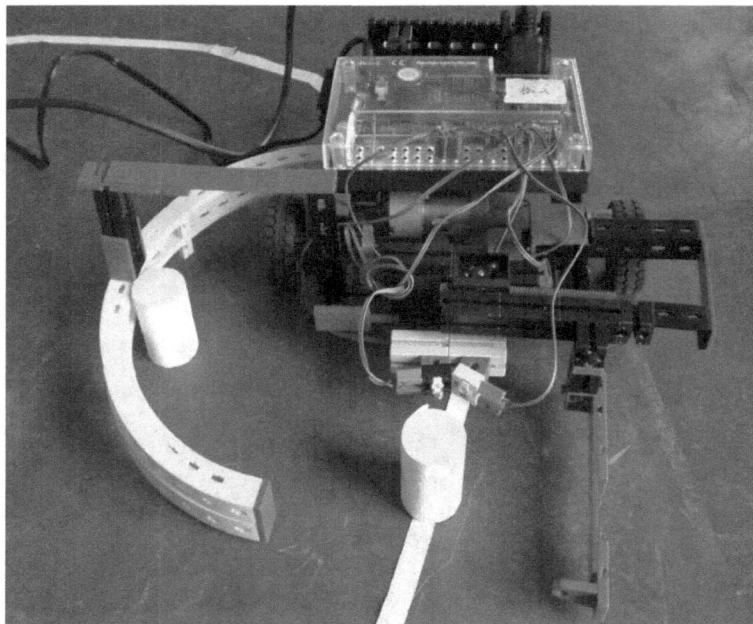

图 8-3　机器人创意实践作品 3

（2）LLWin3.0 软件。LLWin3.0 是慧鱼模型系统的专用软件平台，底层支持语言是 C＋＋，具有图标式的编程语言，使用系统提供的工具箱中的功能模块就可以建立控制程序，简单易懂。LLWin3.0 软件用户界面见图 8-4，所有操作软件所需的命令都在菜单中，包括对程序进行管理、编辑、调试的命令，与编程相关的选项以及在线帮助的命令。工具条中图标是最常用的菜单命令，用工具箱中的功能模块可以在屏幕上建立控制程序流程图，程序完成后可通过接口板来调试，在编程前需进行连接测试。

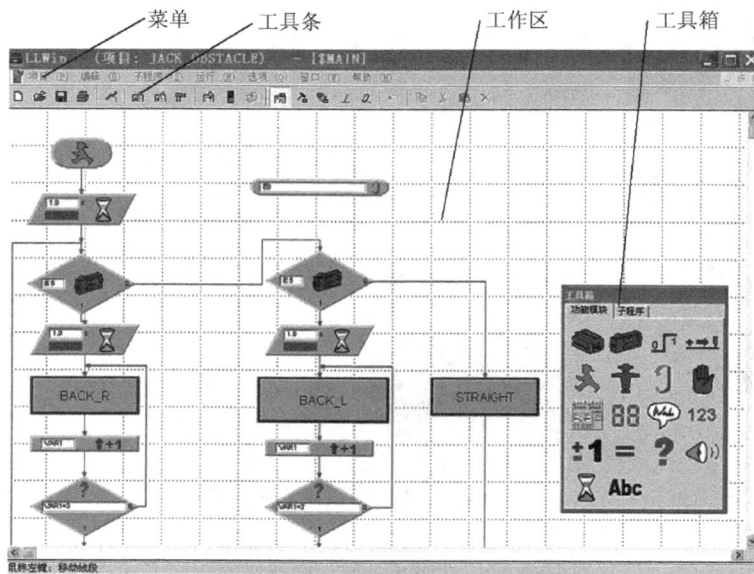

图 8-4　LLWin3.0 用户界面

2)控制方式

慧鱼模型机器人由上位计算机程序控制，可将接口连接线分别与控制电路板和计算机的 RS232 接口进行连接，启动 LLWin3.0 软件系统，根据运动的规划，编写相应的程序。

3)动作设计与动作控制

在编写动作程序之前，需对机器人机械本体进行规划设计，创意出能完成移动等运动功能的机械本体，例如，轮式移动机器人中的单、双动力驱动车。

在确认连接测试正确的前提下，进行动作设计与编程，规划动作路径，合理地配装传感器，正确地选配控制器系统，并正确连接控制接口。

4)程序设计

在程序设计过程中，参照 LLWin3.0 操作手册中的说明进行程序设计，熟悉各种输入、输出模块的功能与作用。编程过程一般包括以下步骤。

(1)建立新项目。打开 New project 的对话框，选择"工业机器人"或"移动机器人"等模型的控制程序模板，新建一个程序，也可选择编辑现有的程序。

(2)常用菜单命令。常用的菜单命令有：程序、新建、打开、存盘、另存为、关闭、打印页、退出等。

程序：若无打开程序，可使用新建命令。

新建：建立一个新程序。

编辑命令如下：

主程序：在打开一个程序后会自动调用此命令。在主程序中插入工具箱中的功能模块，用导线连接它们，画出流程图后也可以删除功能模块和连接线。如果已经在 Run(运行)菜单中启动了一个程序，想停止并修改它，需先回到主程序中，此时将看到主程序表面布满小格。

Subprogram(子程序)：可建立一个子程序或编辑已存在的子程序，原则上子程序可以像主程序一样使用功能模块。

Insert blocks(插入功能模块)：将选择工具栏中的功能模块插入到主程序中，可移动及改变，用单击功能模块并将它拖到工作本上的一点；输入完成后，关闭对话框，模块便放到了工作本上。若要插入一个已有的子程序，需在功能模块窗口中切换到"子程序"中。

常用的编辑命令还有：Delete blocks(删除功能模块)、Replace blocks(替换功能模块)、Draw lines(连线)、Delete line(删除连线)、Undo(恢复)、Select all(全选)、Undo selection(不选)、Cut(剪切)、复制、粘贴、删除。

运行命令：初始化、启动、停止、下载、选项、标签、检测接口板、设置接口板。

窗口命令：层排、平铺、符号、关闭、关闭所有窗口。

选项命令：语言、工作本、智能光标。

3. 实验内容与步骤

1)实验内容

自主设计并规划移动机器人、仿生机器人，使其完成沿着特定路径移动的功能。

2)实验步骤

(1)自主创意设计轮式移动、仿生足式等小型机器人机械方案。

(2)选取合适的零件模块,搭建机器人本体。

(3)检查机械本体是否牢固,各组成元件是否齐全,传感器安装是否正确。

(4)将机械本体、控制电路与计算机的电路连接。

(5)启动计算机电源,进入 LLWin 3.0 系统。

(6)检测接口板(Check Interface):检测信号包括数字及模拟输入信号,其界面见图 8-5。可通过工具栏中的"检测接口板"图标调用此窗口,单击界面中的相应的开关图标,检验机械本体的驱动元件的动作。

(7)规划设计机器人的动作流程,通过操作平台设计动作程序流程图,编辑、修改、调试程序,如图 8-5 所示,参照使用说明书,完成动作调试工作。

(8)整理填写实验总结报告。

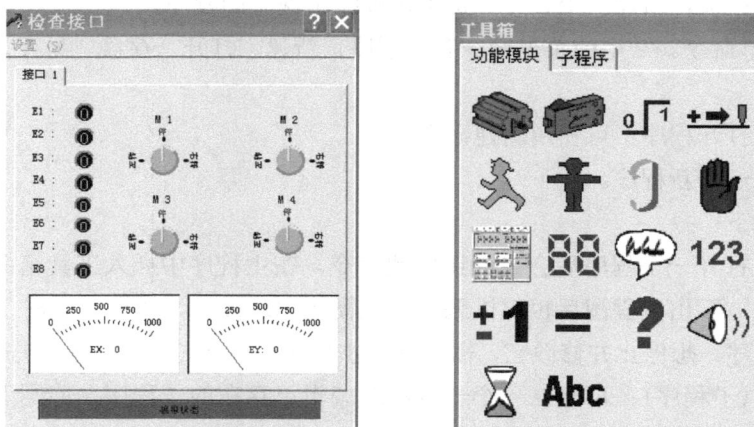

图 8-5　接口连接检测界面

4. 实验注意事项

(1)机器人在使用时,应按照规定使用控制器的开机和关机,控制电缆连接时必须关闭主计算机和机器人本体的电源。

(2)机器人工作空间(机器人可达范围)内无障碍物,避免冲击,发现运行异常立即切断电源。

(3)使用电源 220V/50Hz 交流电源时,注意用电安全,保持接地良好。

(4)操作者应爱护实验装置,操作中保持注意力,防止发生意外。

5. 思考题

(1)通过实验总结各类驱动器的工作原理与特点。

(2)总结机器人常用传感器的种类、工作原理与使用方法。

8.2.2　移动机器人运动控制实验

本实验基于 Lynxmotion 公司的组装型机器人产品,为学生实际动手制作机器人提供友好的方式，将涉及传感器、控制器、机器人本体与计算机等知识。实验包括组装、调试、运用及实现的全过程。主要的机器人类型有多自由度多足爬行机器人、多传感控制避障追踪机器人。

1. 实验目的

(1)了解移动机器人移动原理及步态控制。

(2)通过对示教移动机器人的分析、调试，理解移动机器人的基本结构及控制的基本原理。

(3)学习移动机器人避障方法，掌握避障传感器的工作原理，学习机器人避障编程的方法。

2. 实验系统

1)机械系统构成

实验系统包括四轮车型、四腿仿生型及六腿仿生型移动机器人，见图 8-6 和图 8-7。机器人本体采用碳纤维强化塑料；动力部分采用直流伺服电机，通过 PWM 脉冲调宽信号控制；控制核心部分采用 BasicStamp2 芯片、NEXTSTEP 集成电路板及 SSC 伺服电机控制板；传感器采用红外视觉传感器，实现自动避障功能，同时为了便于了解机器人的运行状态，附加液晶显示装置及小型发声器。

图 8-6　四腿仿生型机器人

图 8-7　仿生移动轮式机器人

2)控制系统组成及原理

(1)四腿仿生型机器人控制系统组成见图 8-8，包括模型本体、传感器系统、液晶显示器、控制器等。

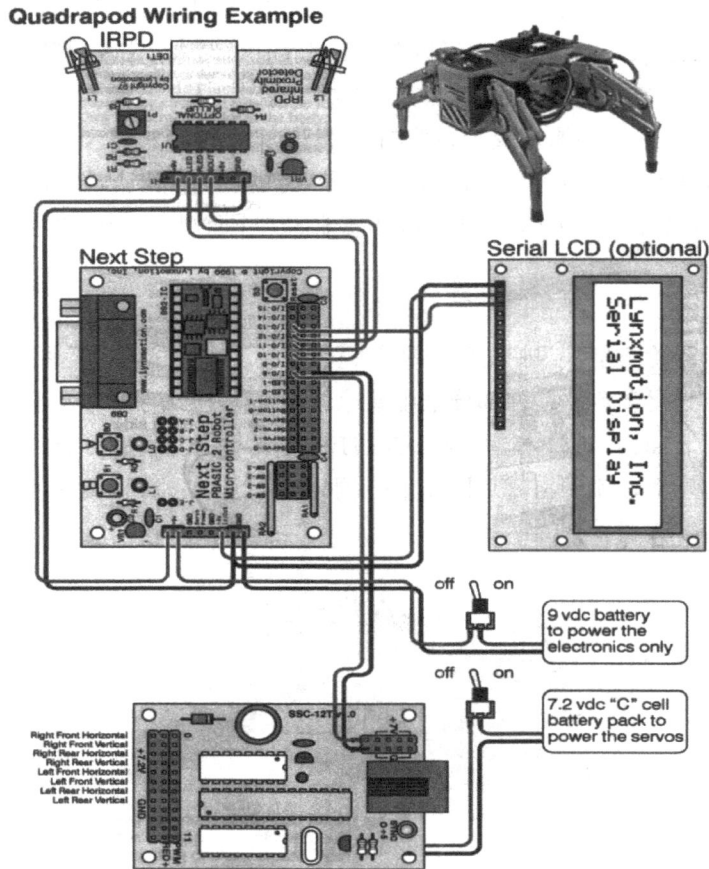

图 8-8　四腿仿生型机器人控制系统组成

在 PC 的 Windows 或 DOS 环境下利用 QBWALK DOS 应用程序设置步高、步距及速度后，即可即时控制机器人的前进、后退、左、右转弯基本移动动作。

对伺服电机的控制，采用脉宽调制技术，根据不同的脉宽信号及信号间隔变化速度的不同，对电机实现转角位置的定位及调速控制，以此实现机器人各个关节的仿生运动要求。

避障的控制采用红外传感器控制，机器人行进中发出频率为 40kHz 的红外线，遇到近距离障碍物发生反射，将检测到的反射光信号输入到 BS2 口，由程序反应判断并将动作控制信号传送到 SSC 中，控制电机完成自动避障的功能。

可脱机控制实现机器人的传感器控制及程序自主化，即在 PC 的纯 DOS 环境下打开 STAMP II 程序编译器，由 PBASIC 语言编写所要完成任务的传感及电机信号控制程序，运行并由串口下载到外部程序存储器中。断开数据连接，分别对 SSC 及 NEXTSTEP 集成电路系统加 6V、9V 的双电源电压后，便可让机器人运转并按程序要求完成任务。

可通过 NEXT STEP 控制电路板上的重置电位按键使程序从头执行，还可由两个动作电位按键，在程序运行中切换四种不同的子程序，实现四种动作。

(2)轮式移动机器人模型控制组成见图 8-9，机器人的控制卡通过串口与 PC 相连，实时在线控制电机动作，也可将程序下载于 NEXT STEP BS2 中实现脱机程序自主控制。在线控制时，与电机相连的 SSC 伺服电机控制板应与 NEXT STEP 断开信号连接。

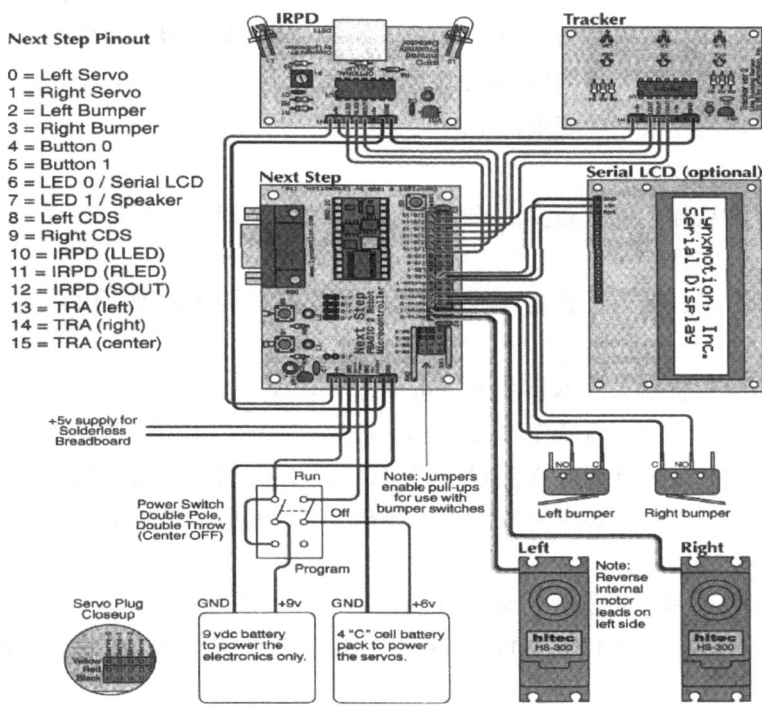

图 8-9　轮式移动机器人模型控制组成示意图

3) 传感器

(1) 红外视觉传感器。此传感器包括 1 个 74HC04 集成电路板、4 个电阻、3 个电容、1 个微变阻器、1 个电压调制器、2 个发光二极管、1 个红外光线接收器、1 个八头插线端、1 个 14 针集成电路插槽及 1 块印刷电路板，主要用于实现机器人的避障及光线追踪功能。

红外传感器的左右两个发光二极管置于电路板前面，所发光线遇到前方左或右障碍物，通过光线接收器接收左或右偏角光源所发光线，判断光源所在位置，反馈信息传输到 NEXT STEP 微处理器电路板及 Basic Stamp 程序存储器，通过 PBASIC 语言编写相应动作程序，由程序控制机器人实现相应避障动作。

(2) 路径追踪传感器。此传感器包括 1 个 74HC14 集成电路板、6 个电阻、2 个电容、1 个电压调制器、3 个红外反射传感器、1 个八头插线端、1 个 14 针集成电路插槽及 1 块印刷电路板，主要用于实现机器人的路径跟随功能，使机器人按照规定的路径轨迹移动。

工作原理是利用地面颜色与轨迹线条颜色的强烈反差（黑与白），反射光线强度的强弱来判断轨迹线条的位置，由左、中、右三个光线强度传感器元件接收轨迹线条反射光线，左侧元件检测到反白光线信号时，则反馈信号使机器人向左调整前进方向，反之，右侧元件接收到轨迹线条光线信号时，则使机器人右转调整前进方向，中间元件用于走直线时接收轨迹线条信号，使机器人保持沿轨迹方向前进。反馈信号经处理后将结果传入 NEXT STEP 程序处理，控制电机实现具体的反馈响应动作。

4）程序信号液晶显示器

此装置包括 1 个液晶显示点阵、1 个集成电路控制板，主要用于机器人运行中 NEXT STEP 程序输出信号的显示，便于观察机器人程序动作及传感控制的瞬态响应结果。工作原理是将微处理器接收信号显示在一个两行 16 个字的液晶点阵上，显示信息包括程序运行时对应机器人动作描述及程序出错或特殊要求提示。

5）移动机器人动作原理

四轮车型移动机器人的前进及后退由四轮一致动作完成，而左、右转则采用两侧轮子差动（转向动作相反）实现转弯。

四腿仿生型移动机器人动作为四腿轮流动作，其中一腿抬起前迈时，另三腿触地使身体移动。

六腿仿生型移动机器人基本步法为对角步态，即六条腿分左前、右中、左后及右前、左中、右后两组，每组具有四点动作状态。迈腿电机在 90°转角范围内摆动，抬腿电机在 180°转角范围（可调）内转动，两组腿在四点状态间切换，时刻保持两组相隔一个状态，整体移动机器人为"三脚架"形式，即时刻保持三条腿支地，稳固身体摆腿前行。

3．实验步骤

（1）连接 6V 电源线于机器人的 SSC12 直流电动机伺服控制器。

（2）连接 9V 电源线于 NEXT STEP，并用 DB9 数据线连接 NEXT STEP 控制板的数据输出口与 PC 的串行口。

（3）在 PC 的纯 DOS 环境下，打开 STAMP2 编译器，用 PBASIC 语言写入控制机器人行走动作的程序。

（4）通过数据线将动作程序下载到 NEXT STEP 中，以实现机器人的脱机自主控制。

（5）利用积木块作为障碍，调试机器人避障功能。

4．思考题

（1）让移动型机器人走一个特定的轨迹，如"8"字形标记线，能否实现？怎样实现？

（2）如何实现多足机器人沿某物体周围顺时针或逆时针行走？

8.3　工业机器人系统认知实验

本节工业机器人控制与运用实验，以 UP6 和 IRB-120 工业机器人为对象，介绍机器人编程语言，学习机器人操作方法，通过抓放、写字、模拟喷涂等实验，使学生掌握机器人点位控制与连续轨迹控制方法。

8.3.1　UP6 型工业机器人本体认知与分析实验

UP6 是世界知名品牌安川机器人公司生产的一款工业机器人，属于该公司 XRC 系列，末端载荷 6kg。

1．实验目的

（1）了解 XRC 系列工业机器人系统的组成结构，分析各组成部分的功能。

（2）了解 XRC 控制器、相关辅助设备的结构与功能。

2．机械手系统结构与功能介绍

本实验设备由机械手、机器人控制器（XRC）和辅助设备组成，见图 8-10。机械手包括腰关节 S、肩关节 L、肘关节 U 和腕部 R、B、T 六个关节。

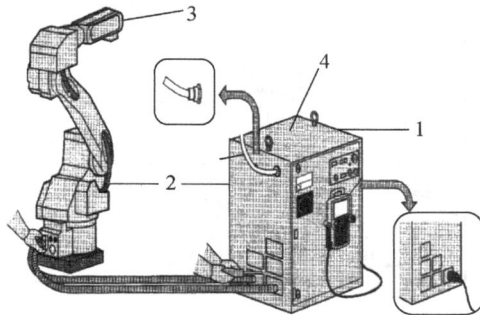

图 8-10　XRC 机器人系统组成示意图

1-末端夹持器动力源；2-机械本体；3-末端夹器；4-控制系统

1）机器人本体

（1）XRC 机器人是六（转动）自由度的工业机器人，轴系表示见图 8-11，S、L、U 三轴决定机器人的手臂、手腕的运动位置；R、B、T 三轴决定机器人手部的运动姿态。机械手的每一轴都由伺服电机驱动，轴上安装转角绝对编码器，可以实时检测每轴的运动位置、速度。

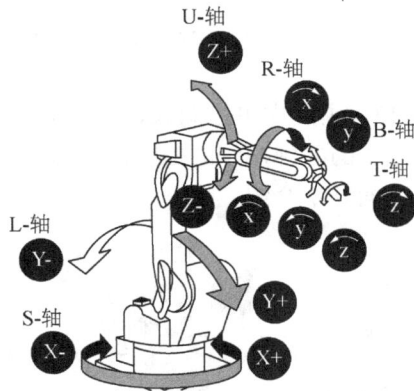

图 8-11　XRC 机器人轴系示意图

（2）机器人各轴运动范围如图 8-12 所示，点划线之内即机器人手部安装点的可达工作空间，为机器人规划运动轨迹需满足工作空间的限界要求。

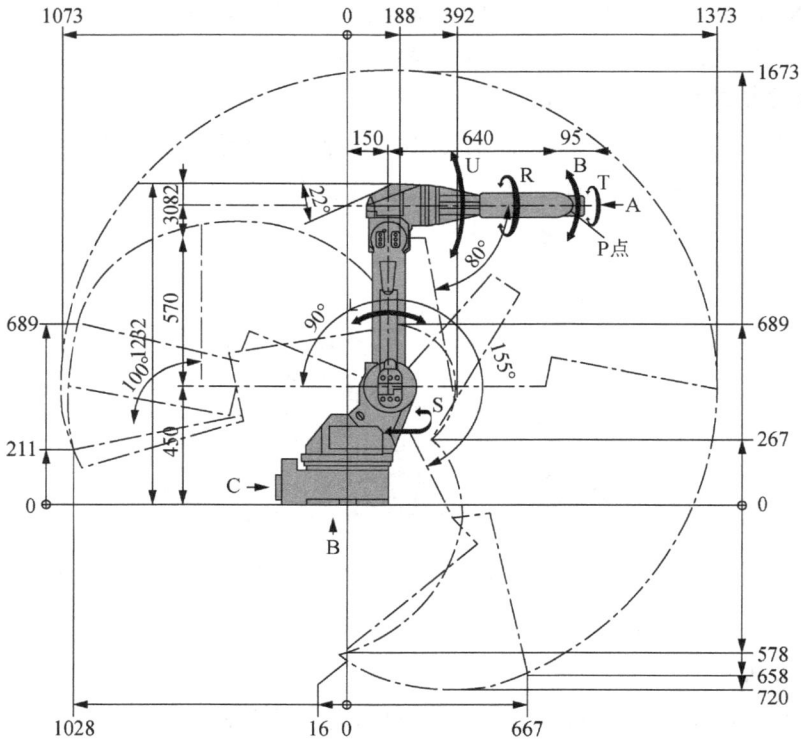

图 8-12　UP6 型机器人运动限界示意图

2）机械本体

机械本体主要包括硬铝合金结构件、伺服电动机、绝对编码器及各种连接件。

3）机器人控制器

XRC 控制器的组成见图 8-13，主要由主控制板、接口电路系统、显示器、键盘操作器和各种开关按钮控制板组成，要完成的各种操作的控制命令都由这里发出。XRC 控制器的重要组成部分是回放板和编程板，下面分别介绍。

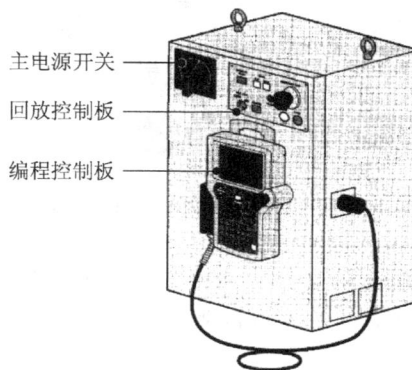

图 8-13　XRC 控制器示意图

（1）回放板（Playback Panel）。回放板上按键布置与名称见图 8-14。

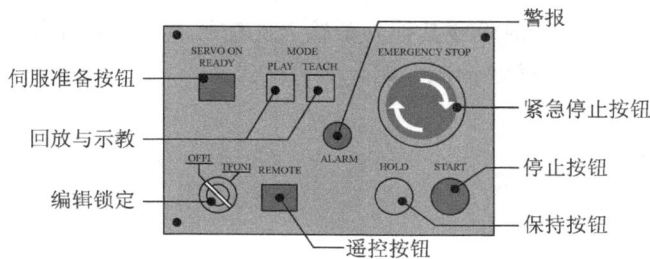

图 8-14　控制面板示意图

（2）编程器（Programming Pendant）。编程器用于对机械手工作任务的编程示教及测试操作，由多种按键及显示屏组成，结构见图 8-15。

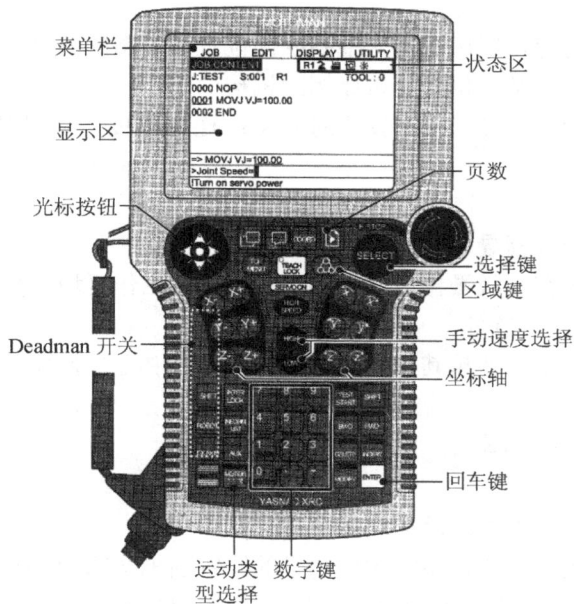

图 8-15　编程器示意图

3. 实验步骤

1）示教模式下机器人的控制

首先由实验指导教师介绍机器人系统的基本组成，然后开机。对机器人的六轴进行操纵，使学生初步了解编程器、回放板的功能及机器人的空间运动。机器人系统可以采用不同的坐标进行工作，本实验中采用关节坐标。

2）操作控制

（1）开机。接通主电源，系统完成初始化。回放板上示教指示灯亮，编程器进入主菜单界面。

（2）接通伺服电源。按下回放板上 SERVO ON READY 按钮，其上绿色指示灯闪烁，编程器上 SERVO ON READY 指示灯也闪烁，表明系统可以进入工作状态。

(3)示教锁定。按下编程器上的示教锁按键 TEACH LOCK，示教锁定使机器人只能接受示教操作的控制，而不会因回放板或其他外部输入的信号而产生误操作。

按下 DEADMAN 开关，接通伺服电源。

3)机器人六轴运动控制

(1)S 轴正、反转。

(2)L 轴正、反转。

(3)U 轴正、反转。

(4)R 轴正、反转。

(5)B 轴正、反转。

(6)T 轴正、反转。

(7)组合运动：可单轴或多轴联合动作。

4)机器人机构分析

(1)分析组成结构特点，明确机器人控制手部位置和姿态的各轴。

(2)使机器人运动达到某一位姿，按比例画机构简图。

(3)观察、测试、深入理解 D-H 参数的意义：连杆长度、连杆扭角、连杆距离、关节夹角。

4. 实验注意事项

(1)学生需在实验教师指导下操作。

(2)参加实验的学生在示教操作前一定要站在机器人工作区域之外的安全地带，实验过程中不要随意走动，以防发生意外。

(3)机器人各轴运动不应超越其极限位置，实验操作中注意系统的警示，及时使该轴脱离报警位置。

5. 实验报告要求与思考题

1)实验报告内容

(1)实验目的、实验设备手段及原理。

(2)将关节型工业机器人的机械本体按适当的比例画机构简图，在简图中标出关节构件尺寸值，能真实地反映出机器人的运动原型，要求机构简图与真实的姿态相一致，为机构位姿分析提供依据。

(3)分析机器人的自由度，指出哪些关节决定机器人的姿态，哪些关节决定机器人的手臂、手腕位置。

(4)列出机器人 D-H 参数表。

2)思考题

(1)分析通用六自由度的工业机器人的结构组成特点。

(2)工业机器人工作空间是怎么定义的？

8.3.2　IRB-120 型工业机器人认知及初始化实验

1. 实验目的

(1)了解 IRB-120 工业机器人系统的基本组成及工作原理。

(2)了解工业机器人机械本体结构、坐标类型和运动控制原理。

(3)掌握 IRB-120 工业机器人的操作。

2.实验系统

实验系统包括 IRB-120 工业机器人系统、手持示教器、末端夹持器。

1)ABB IRB-120 工业机器人简介

IRB-120 是 ABB 新型第四代机器人家族的最新成员，也是迄今为止 ABB 制造的体积最小的六轴机器人，图 8-16 所示为 IRB-120 机器人本体 1～6 个轴的运动连接关系，各轴运动参数见表 8-1。IRB-120 配备轻型铝合金伺服电动机，结构轻巧、功率强劲，可实现机器人高加速运行，在任何应用中都能确保优异的精准度与敏捷性。IRB-120 主要应用领域是物料搬运与装配。

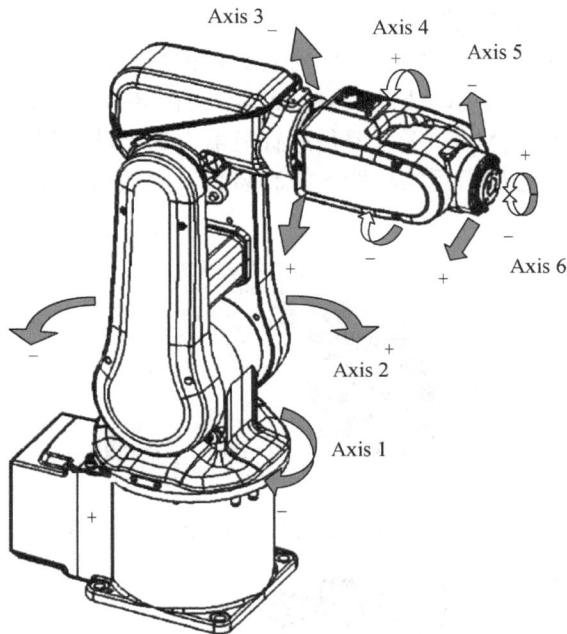

图 8-16　IRB-120 工业机器人各轴示意图

2)IRB-120 型机器人特点

(1)紧凑轻量。它是 ABB 目前最小的机器人，质量仅为 25kg，结构设计紧凑，几乎可以安装在任何地方。例如，工作站内部、机械设备上方、生产线上其他机器人旁边。

(2)用途广泛。IRB-120 机器人的有效载荷为 3kg(手腕(5 轴)垂直向下时为 4kg)，广泛适用于电子、食品、饮料、制药、医疗、研究等领域。

(3)易于集成。IRB-120 空气管线与用户信号线缆从底脚至手腕全部嵌入机身内部，易于机器人集成。

(4)优化工作范围。除工作范围 580mm，IRB120 还具有一流的工作行程，底座下方拾取距离为 112mm。IRB-120 采用对称结构，第 1 轴无外凸，回转半径极小，可靠近其他设备安装。

表 8-1　IRB-120 工业机器人各轴运动参数表

轴运动	工作范围	最大速度
轴 1（Axis1）旋转	+165°～-165°	250°/s
轴 2（Axis2）手臂	+110°～-110°	250°/s
轴 3（Axis3）手臂	+70°～-90°	250°/s
轴 4（Axis4）手腕	+160°～-160°	320°/s
轴 5（Axis5）弯曲	+120°～-120°	320°/s
轴 6（Axis6）翻转	+400°～-400°	420°/s

3）ABB IRB-120 工业机器人控制方法

要实现机器人本体的动作与功能，需要对其进行控制。IRB-120 的控制系统包括一个控制柜（IRC-5，见图 8-17）和一个示教器（FlexPendant，见图 8-18），机器人的各种动作指令均是通过控制柜传输到机器人本体的。示教器是进行机器人的手动操纵、程序编写、参数配置以及监控用的手持装置，也是最常用的机器人控制装置，示教器则通过集成电缆连接到控制柜面板。

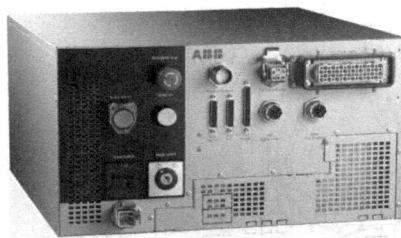

图 8-17　IRB-120 工业机器人控制柜 IRC5

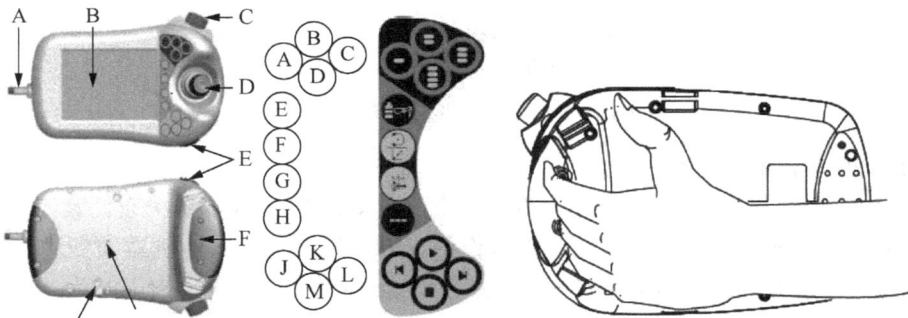

图 8-18　示教器（FlexPendant）和示教器面板按钮

表 8-2 为示教器和示教器面板上各个部件、按钮的功能详情表，其中示教器的按钮 F 为使能器按钮，该按钮是为保证操作人员人身安全而设置的。使能器按钮分为两挡，在手动状态下第一挡按下去，机器人将处于电动机开启状态；第二挡按下去，机器人就会处于防护装置停止状态。只有在按下使能器，并保持在"电动机开启"的状态，才可对机器人进行手动的操作与程序的调试。当发生危险时，人会本能地将使能器按钮松开或按紧，机器人则会马上停下来，保证安全。

表 8-2　示教器和示教器面板各个部件功能详情表

示教器		示教器面板按钮			
A	连接器	A	增量按钮(预设)	H	切换增量
B	触摸屏	B	增量按钮(预设)	J	步退按钮
C	紧急停止按钮	C	增量按钮(预设)	K	启动按钮
D	控制杆	D	增量按钮(预设)	L	步进按钮
E	USB 端口	E	选择机械单元	M	停止按钮
F	使能器	F	切换运动模式 重定向或线性	G	切换运动模式 轴 1~3 或轴 4~6
G	触摸笔				
H	重置按钮				

3. 实验内容

(1) IRB-120 机器人示教器初始化及基本操作。

(2) 机器人各个轴的电机偏移校准和转速计数器更新。

(3) 工具坐标系建立。

4. 实验步骤

1) IRB-120 机器人示教器初始化

(1) 接通机器人总电源，打开机器人开关，开启机器人示教器。

(2) 示教器开机界面中 A 为 ABB 菜单，B 为操作员窗口，C 为状态栏，D 为关闭按钮，E 为任务栏，F 为快捷设置菜单。

(3) 开机后，示教器默认语言为英文，可以通过单击左上角的红色 ABB 标志进入主菜单设置。通过单击 Control Panl→Language→Chinese→OK→YES 即可，设置完成后重启示教器，语言调为中文。

(4) 单击 ABB 菜单栏，观察界面内容，单击不同项目查看，观察操作员窗口、任务栏、状态栏的显示与变化，切勿在未经允许的情况下更改任何参数设置。

2) 机器人各个轴的电机偏移校准和转速计数器更新

ABB 机器人六个关节轴都有一个机械原点位置。当发生机器人计数器故障、关节轴移位等情况时，需要在修复故障后对机器人各个轴的转速计数器进行更新。

(1) 将控制柜上机器人状态钥匙切换到手动状态，并在示教器状态栏里确认机器人的状态为"手动"。

(2) 单击示教器 ABB 按钮，选择"手动操纵"。使用手动操纵机器人时各关节轴运动到机械原点刻度位置的顺序为：4-5-6-1-2-3。单击"动作模式"，选中"轴 4-6"动作模式，依次使用操纵杆缓慢地将关节轴 4、5、6 运动到机械原点的刻度位置。注意，在操纵轴运动的过程中，要保持使能按钮处于按下状态，此时示教器上状态栏显示"电动机开启"。同理，将关节轴 1、2、3 运动到机械原点的刻度位置。

(3) 完成上述操作后，单击示教器 ABB→"校准"→ROB_1→"校准参数"→"编辑电动机校准偏移"，然后示教器出现"更改校准偏移值可能会改变预设位置，确定要继续？"的提示，单击"是"按钮，随后将机器人本体上电动机校准偏移数据输入示教器，然后单击"确定"按钮，出现"新校准偏移值已保存在系统参数中，要激活这些值，您需要重新启动控制器。是否现在重新启动控制器？"的提示，单击"是"按钮。重启后，选择"校准"→ROB_1。

　　注意：如果示教器中显示的数值与机器人本体上的标签数值一致，则无须修改，直接单击"取消"退出，跳至第4步。

　　(4)在上一步出现的界面中，选择"更新转速计数器…"，出现"更新转速计数器可能会改变预设位置。确定要继续？"的提示，单击"是"按钮。接下来单击"全选"→"更新"，出现"转速计数器更新所选轴的转速计数器将被更新。此项操作不可撤销。单击'更新'继续，单击'取消'使计数器保留不变"的提示，单击"更新"，出现进度窗口，等待几分钟后，转速计数器就更新完成了。

　　如果机器人由于安装位置的关系，无法六个轴同时到达机械原点刻度位置，则可以逐一对关节轴进行转速计数器更新。

　　3)建立新的工具坐标系

　　工具坐标系(Tool Center Point Frame，TCPF)将工具中心点(Tool Center Point，TCP)设为零位，由此再定义工具的位置和方向。执行程序时，机器人就是将TCP移至编程位置。所有机器人都有一个预定义工具坐标系，该坐标系称为tool0。预设工具中心点TCP一般位于机器人手腕(轴6)安装法兰的中心。通过设置该中心点的偏移值，就可以定义一个新的工具坐标系，如图8-19所示。

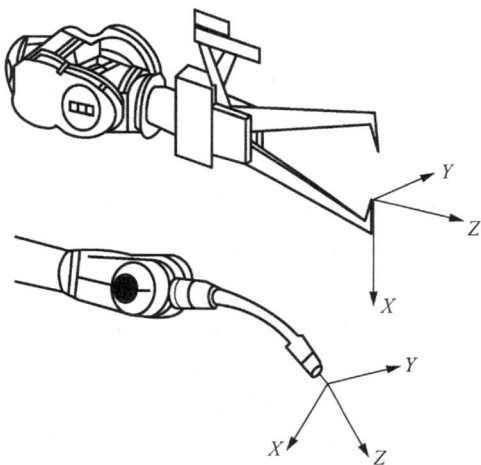

图8-19　工具坐标系(TCPF)

　　(1)单击示教器ABB→"手动操纵"→"工具坐标"→"新建…"，在弹出的新数据声明窗口对工具数据属性进行设定：在名称一栏中填入"tool1"；范围选择"任务"，存储类型选择"可变量"；任务选择T_ROB1；模块选择Module1；维数选择"无"。然后单击"确定"按钮。

　　(2)在新弹出的窗口中选中tool1，单击"编辑"菜单中的"定义"选项，选择"TCP和Z、X"，然后逐个修改"点1"至"点4"以及"X偏移"、"Z偏移"的位置。首先找到一个固定点，点1、点2、点3均是以随意的姿态使工具参考点靠上固定点(这3个点的姿态差距尽量大，而且尽量不要与后面的点4以及X、Z相同)，如图8-20所示。"点4"是工具参考点以垂直姿态靠上固定点，如图8-21所示；"X偏移"是以"点4"的姿态移动到工具TCP的+X方向；"Z偏移"是以"点4"的姿态移动到工具TCP的+Z方向。

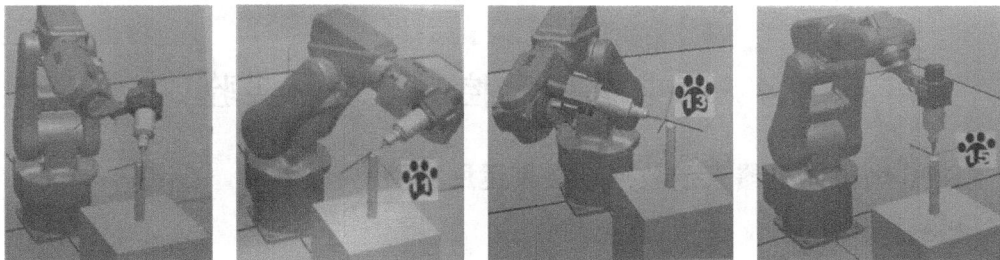

图 8-20　点 1、2、3、4 姿态图

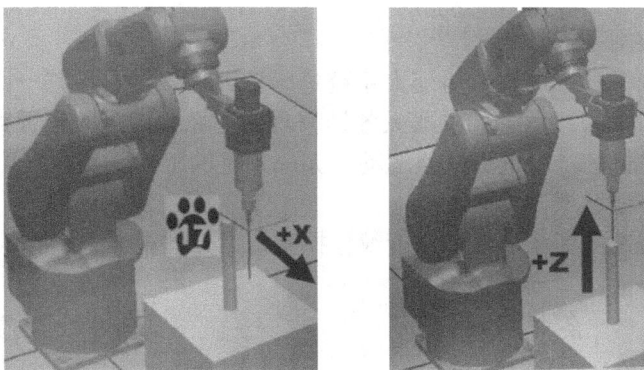

图 8-21　X、Z 轴偏移

(3)修改完 6 个点的值后,单击"确定"按钮,完成设定。此时弹出误差确认视图,误差越小越好。再次单击"确定"按钮,确认误差。

(4)再单击"编辑"→"更改值",进入刚刚新建的工具 TPC 参数页面。单击屏幕右边的下拉箭头,找到名称为"mass"的变量,它对应的是工具的质量,其下面的 X、Y、Z 为重心位置,相对于 tool0(原机器人的法兰中心点)的偏移,数值修改好后,单击"确定"按钮,这样就完成了新的工具 TCP 建立,以上的数值修改都存在一定的误差允许范围。建立完毕后,可以通过"动作模式"中的"重定向"模式,来测试 TCP 点的准确与否。

5. 注意事项

(1)实验前仔细阅读初始化配置说明文档,特别需要熟悉正常的示教器操作。

(2)开启手动操作时需经教师同意;手动操纵过程中与机器人保持足够的安全距离,避免发生意外;若出现紧急情况,请按"急停"按钮。

(3)使用示教器时轻拿轻放、小心操作、不要摔打、抛掷或重击示教器,以免出现示教器破损或故障。

(4)实验后,控制器必须正常关机,并且关闭机器人总电源。

6. 思考题

(1)如何快速判断机器人手动操纵时各个轴运动的正方向?

(2)什么是工具坐标系? 工具坐标系的作用是什么?

8.4　工业机器人控制与运用实验

8.4.1　UP6型工业机器人示教控制及其运用实验

1. 实验目的

(1)学习工业机器人控制系统组成及示教控制特点。

(2)自主设计机器人的动作路径，编制示教控制程序。

2. 实验原理

1)机器人示教控制

机器人示教控制模式，即先对机器人系统进行培训，教会它按某一固定的工作流程进行动作，在进行运动示教的过程中，机器人各轴编码器记忆关键点的位置数据，然后在执行过程(再现)中，按照记忆的位置数据依次运动，完成预定的工作任务。

2)机器人的工作坐标系

必须为机器人指定坐标系，才能进行编程控制，常见的机器人坐标形式见图 8-22。

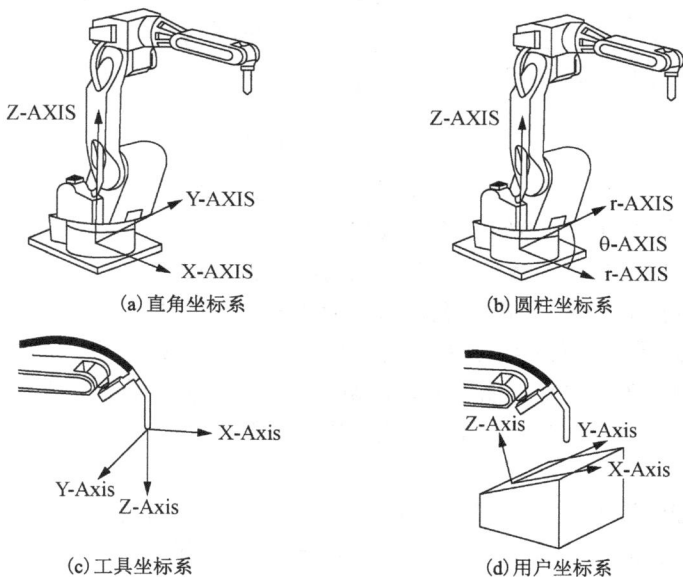

图 8-22　机器人常见坐标系

3)示教编程

常用程序指令如下。

点动指令：MOVJ VJ=<执行速度>。

输出指令：DOUT OT#(输出号)；开/关外部输出信号。

跳转指令：JUMP *LABEL；跳转到标号处。

暂停指令：TIMER T=<时间单位数>。

3. 实验内容及步骤

(1) 提出任务。采用示教控制方式自主规划机器人完成的工作任务，例如，在实验室搬运积木从甲地到乙地，控制机器人画某一特定意义的图案等，采用循环动作程序。

(2) 规划机器人动作路径，设计程序流程。

(3) 调用现有工作，具体步骤如下。

① 开机。

② 示教准备工作。

③ 示教锁定。

④ 调用一个旧任务：在主菜单下，选择 JOB→SELECT JOB。屏幕显示文件列表，选择 xsm1，系统进入任务内容显示，给出该程序的全部指令。

程序 xsm1

```
J: xsm1  S: 000 R1  TOOL:
J: xsm1  S: 000 R1  TOOL: *
000 NOP                ; 空操作
*
001 SET B000           ; 起始。程序均以 NOP 开头，以 END 结束，置变量 B000 的初值为 0
002 *BB                ; 标号*BB
003 MOVJ VJ=20.00
004 MOVJ VJ=10.00
005 MOVJ VJ=20.00
006 DOUT OT#(2)ON      ; 合上
007 DOUT OT#(1)OFF
008 TIMER T=3.00       ; 程序暂停时间为 0.01*3 分
009 DOUT OT#(1)ON      ; 打开
010 DOUT OT#(2)OFF
011 INC B000           ; 变量 B000 增 1
012 JUMP *BB IF B000 〈= 6 ; 当 B000 〈=6 时，跳到*BB 循环
013 END                ; 结束行
```

⑤ 指令的测试。程序中的 MOV 类指令可以用 BWD 和 FWD 进行单步测试。将光标移动到待测指令处，按下 FWD 或 BWD。BWD 和 FWD 只能测试 MOV 类指令。当同时按下 INTERLOCK 和 FWD 时，所有指令都被执行。

⑥ 测试执行。将光标移动到 NOP 行，按下 INTERLOCK 和 TEST START，程序将被执行一遍。

⑦ 自动回放执行。示教中已经调试好的任务，可以采用回放方式自动执行。回放时，开机步骤与前面相同，系统初始化后，进行以下操作：从编程器上调出要回放的任务；关闭 TEACHLOCK，打开回放板上的 PLAY 开关，指示灯亮；按下 SERVO ON READY，指示灯闪烁，接通伺服电源；按下 START 开关，机器人开始执行调用的任务，程序执行过程中 START 灯一直亮着，程序执行完，START 灯熄灭。

（4）创建一个新任务，具体步骤如下。

① 任务创建。

屏幕情况见图 8-23，在主菜单下，选择 JOB，再选择 CREATE A NEW JOB，按系统提示起任务名，按 EXEC 确认，进入工作内容显示，系统自动给出编辑显示。

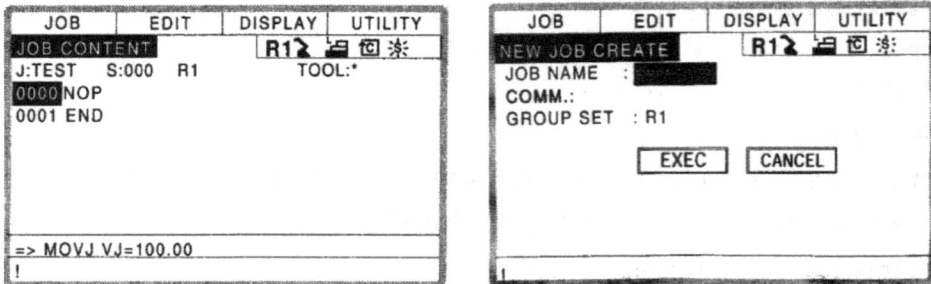

图 8-23　建立或选择工作界面

将光标移动到适当行，可以开始新任务的设置。下面以程序 xsm2 程序各条指令为例说明新任务的创建方法。

```
001 SET B000        ；按下"INFORM LIST"，选择 ARITH，选择 SET 指令，修改参数，插入
002 *BB             ；按下"INFORM LIST"，选择 ARITH，选择 LABEL 输入语句标号，插入
003 MOVJ VJ=20.00   ；按下"MOTION TYPE"，修改速度参数，插入
004 MOVJ VJ=10.00
005 MOVJ VJ=20.00
006 DOUT OT#(2)ON           ；按下"INFORM LIST"，选 IN/OUT
007 DOUT OT#(1)OFF          ；选"OUT"，修改参数，插入
008 TIMER T=3.00            ；按 TIMER，修改 TIMER 参数，插入
009 DOUT OT#(1)ON
010 DOUT OT#(2)OFF
011 INC B000                ；按下"INFORM LIST"，选择 ARITH，INC，修改参数插入
012 JUMP *BB IF B000 <= 6 ；按下"INFORM LIST"，选择 CONTROL，选 JUMP，设置跳转
条件，插入
013 END
```

② 测试执行。

将光标移动到 NOP 行，按下 INTERLOCK 和 TEST START，程序将被执行一遍。

③ 回放执行。

示教中已经调试好的任务，可以采用回放方式自动执行。回放时，开机步骤与前面相同。

4. 实验报告内容与思考题

1）实验报告内容

（1）实验目的、实验设备手段及原理。

（2）动作任务简单描述（用示意图表示）。

（3）动作程序。

2）思考题

（1）简述绝对编码器在工业机器人示教控制中的作用。

（2）简述工业机器人在实际生产运用中采用示教控制与其他控制方式相比有什么优点？

8.4.2　IRB-120 工业机器人程序控制及应用实验

1. 实验目的

（1）了解工业机器人的组成及其控制原理，加深对实际工业自动化加工的理解。

（2）熟悉工业机器人的运动指令，掌握 ABB 机器人示教器编程控制与程序调试。

（3）掌握 ABB 机器人在实现特定任务时的工具路径规划及编程实现。

2. 实验设备和工具

IRB-120 工业机器人及其控制系统（IRC-5 控制柜和示教器）、被搬运物体、写字板、圆台、其他实验用品。

3. 实验原理

1）RAPID 程序及指令

RAPID 程序是 ABB 工业机器人使用的控制程序，其中包含了一连串控制机器人的指令，执行这些指令就可以实现对 ABB 机器人的控制操作，进而实现不同的功能。RAPID 编程语言是由一些特定的英文词汇和语法组成，它包含的指令可以实现移动机器人、设置输出、读取输入、决策、重复其他指令、构造程序、与系统操作员交流等功能。RAPID 程序的基本构架如表 8-3 所示。

表 8-3　RAPID 程序的基本构架表

程序模块 1	程序模块 2	程序模块 3	系统模块
程序数据	程序数据	…	程序数据
主程序 main	例行程序	…	例行程序
例行程序	中断程序	…	中断程序
中断程序	功能	…	功能
功能		…	

RAPID 程序的构架说明如下。

（1）RAPID 程序是由程序模块与系统模块组成的。一般地，只通过新建程序模块来构建机器人的程序，而系统模块多用于系统方面的控制。

（2）可以根据不同的用途创建多个程序模块，如专门用于主控制的程序模块；用于位置计算的程序模块；用于存放数据的程序模块，便于归类管理不同用途的例行程序与数据。

（3）每一个程序模块包含了程序数据、例行程序、中断程序和功能四种对象，但不一定在一个模块中都有这四种对象，程序模块之间的数据、例行程序、中断程序和功能是可以互相调用的。

（4）在 RAPID 程序中，只有一个主程序 main，存在于任意一个程序模块中，作为整个 RAPID 程序执行的起点。

2）常用的 RAPID 程序指令

（1）机器人运动指令。机器人在空间中运动主要有绝对位置运动（MoveAbsJ）、关节运动（MoveJ）、线性运动（MoveL）、圆弧运动（MoveC）四种方式。

① 绝对位置运动指令：MoveAbsJ *\NoEoffs，v1000，z50，tool0\WObj:=wobj1;

*为目标点位置数据（定义机器人 TCP 的运动目标，可以在示教器中单击"修改位置"进行修改）；NoEoffs 为外轴不带偏移数据；v1000 指 1000mm/s（定义速度 mm/s）；z50 指转弯半径 50mm（定义转弯区的大小 mm）；tool0 为工具坐标数据（定义当前指令使用的工具）；wobj1 为工件坐标数据（定义当前使用的工件坐标）。绝对位置运动指令是机器人使用六个轴的角度值来定义目标位置数据，常用于机器人六个轴回到机械零点（0°）的位置。

② 关节运动指令：MoveJ *, *, v1000, z50, tool0\WObj:=wobj1;

关节运动指令适合机器人大范围运动、对路径精度要求不高的情况下，机器人的工具中心点 TCP 从一个位置移动到另一个位置。

③ 线性运动指令：MoveL *, *, v1000, z50, tool0\WObj:=wobj1;

线性运动指令中机器人 TCP 从起点到终点之间的路径保持直线，适用于焊接、涂胶等对路径要求高的场合。

④ 圆弧运动指令：MoveC *, *, v1000, z50, tool0\WObj:=wobj1;

圆弧路径指令是机器人 TCP 以圆弧路径依次通过三个点。

图 8-24 是如下三句指令的实际使用示意图。

指令 1：MoveL p1，v200，z10，tool1\Wobj：=wobj1;

指令 2：MoveL p2，v100，fine，tool1\Wobj：=wobj1;

指令 3：MoveJ p3，v500，fine，tool1\Wobj：=wobj1。

指令 1：机器人的 TCP 从当前位置向 p1 点以线性运动方式前进，速度是 200mm/s，转弯区数据是 10mm，距离 p1 点还有 10mm 的时候开始转弯，使用的工具数据是 tool1，工件坐标数据是 wobj1。

指令 2：机器人的 TCP 从 p1 向 p2 点以线性运动方式前进，速度是 100mm/s，转弯区数据 fine（fine 指机器人 TCP 到达目标点，在目标点速度降为零。机器人动作有所停顿然后再向下运动，如果是一段路径的最后一个点，一定要为 fine），机器人在 p2 点稍作停顿，使用的工具数据是 tool1，工件坐标数据是 wobj1。

指令 3：机器人的 TCP 从 p2 向 p3 点以关节运动方式前进，速度是 500mm/s，转弯区数据是 fine，机器人在 p3 点停止，使用的工具数据是 tool1，工件坐标数据是 wobj1。

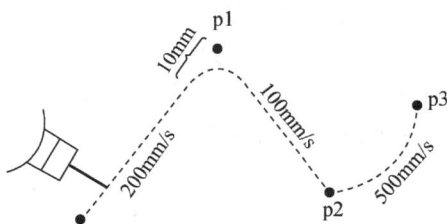

图 8-24 运动路径图

（2）其他常用控制命令如表 8-4 所示。

表 8-4　其他常用控制命令表

	命令	含义
I/O 控制指令	Set do1;	数字信号置位指令
	Resetdo1;	数字信号复位指令
	WaitDI di1，　1;	数字输入信号判断指令
	WaitDO do1，　1;	数字输出信号判断指令
	WaitUntil di=1;	信号判断指令
条件逻辑判断指令	Compact IF	紧凑型条件判断指令
	IF	条件判断指令
	FOR	重复执行判断指令
	WHILE	条件判断指令
其他常用指令	ProcCall	调用例行程序指令
	RETURN	返回例行程序指令
	WaitTime	时间等待指令

4．实验步骤

1）建立程序模块与例行程序

正常开启示教器，单击 ABB→"程序编辑器"，在接下来的界面中进行程序模块的建立和例行程序的编写。首先创建一个程序模块，如图 8-25 所示，单击 ABC 可以设置程序模块名称，再在该程序模块中建立一个主程序 main 和 N 个例行程序（用于主程序 main 调用或例行程序之间互相借用）。

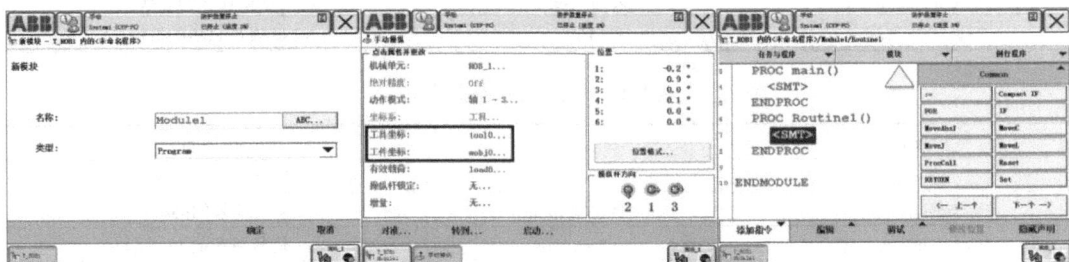

图 8-25　ABB 编辑器界面

2）示教器程序编辑基本操作

如图 8-26 所示，单击 ABB→"手动操纵"，在弹出的画面中单击"工具坐标"、"工件坐标"确认，打开 ABB→"程序编辑器"，选中要插入指令的程序位置，如图中的高亮显示部分。单击"添加指令"，打开指令列表，单击 MoveAbsJ 即可插入绝对位置运动指令，其他运动指令插入方法同此。单击 Common 按钮可以切换到其他分类的指令列表。

图 8-26　ABB 示教编辑界面

3）IRB-120 机器人 I/O 设置

以 ABB 标准 I/O 板 DSQC651 为例。DSQC651 是最为常用的 I/O 通信板，下面以创建数字输入信号 di 为例做详细讲解。

单击"ABB"→"控制面板"→"配置"，在弹出的画面中选中 Unit，单击"显示全部"，单击"添加"，按照表 8-5 所示依次设置其中参数。同理，选中 Signal，添加输入控制信号 di1，按表 8-6 变换信号所占用的地址，可以设定不同的输入、输出信号，最后重新启动示教器，即可使用设定好的输入、输出信号。

表 8-5　I/O 板参数设置

参数名称	设定值	说明
Name	board10	I/O 板在系统中的名字
Type of Unit	d651	I/O 板的类型
Connected to Bus	DeviceNet1	I/O 板连接的总线
DeviceNet Address	10	I/O 板在总线的地址

表 8-6　输入信号参数设置

参数名称	设定值	说明
Name	di1	数字输入信号的名字
Type of Unit	Digital Input	信号的类型
Connected to Bus	board10	信号所在的 I/O 模块
DeviceNet Address	0	信号所占用的地址

4）IRB-120 示教任务控制编程实验

（1）任务 1——机器人搬运。

任务要求：如图 8-27 所示，首先将机器人工具移动到物体上方 A 处，然后使用 MoveL 指令使机器人移动到 B 点，此时使用设定的动作指令（set do1），手爪闭合，抓起物体，然后使用 MoveL 由 B 点移动到 A 点，再由 A-D-E，松开手爪，放下物体，使用 MoveL 或者 MoveJ 离开 E 点，回到机器人初始位置。

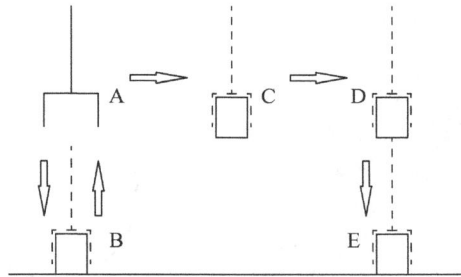

图 8-27　机器人搬运

实验要点：使用 MoveL 时转弯半径参数设定要参考移动距离及是否必须准确到达目标点来确定；设定机器人的输出信号实现机械手爪的闭合与开启。

(2)任务 2——机器人写字。

任务要求：机器人工具夹持的笔在写字板上正确书写"北京交大"四个汉字。如图 8-28所示，可以将"北"字分为 7 步来写完，每步近似看作直线，使用 MoveL 指令完成，每写完一步，使用 MoveJ 将笔尖抬高，移动到下一步起始点上方，接下来使用 MoveL 移动到下一步的起始点，并完成该步笔画的书写，其余三个汉字书写同理。

实验要点：规划路径时先整体将写字板分为四部分，可预先在写字板上将汉字写好，然后对机器人进行示教编程。若想使书写的汉字更加平滑，可将汉字的每一个笔画拆解得更为详细。

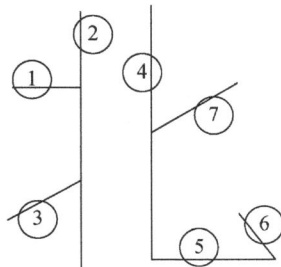

图 8-28　机器人写字

(3)任务 3——机器人喷涂。

任务要求：实现机器人沿着圆台固定路线进行喷涂作业。如图 8-29(a)所示，机器人绕圆台在不同高度下进行圆周喷涂。本任务中机器人的主要动作指令为 MoveC，由于 MoveC 为圆弧运动，而 3 点组成一个圆弧，所以采用图 8-29(b)所示的方法，点 1 作为起点，点 2、点3 作为圆弧指令的另外两个点，组成一个半圆弧，同理，点 3、点 4、点 1 组成另外一个半圆弧，两个圆弧结合成为圆，机器人回到点 1 位置。移动不同高度，采用相同办法，完成喷涂任务。

实验要点：点 2、点 4 的位置可以稍有变化，但是不能离圆弧运动的起点或终点太过接近；在变化高度时，不仅需要调整机器人工具的高度，而且需要调整工具姿态及工具距离圆台表面的距离。

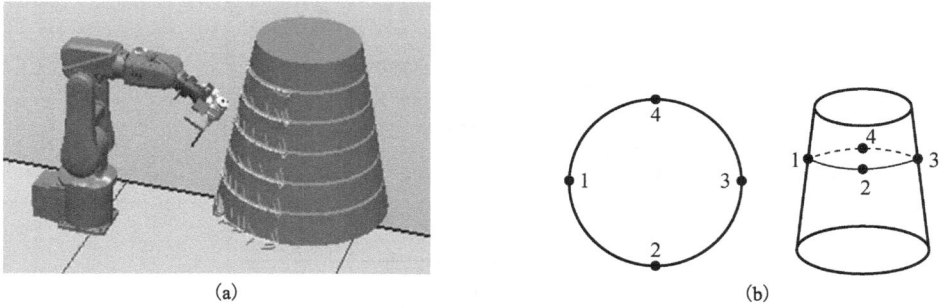

图 8-29 机器人喷涂

5. 思考题

机器人使用移动指令时，转弯区半径如何设置更为合理？

参 考 文 献

陈海霞，柴瑞娟，任庆海．2012．西门子 S7-300/400PLC 编程技术及工程应用[M]．北京：机械工业出版社．

船仓一郎，土屋尧，堀桂太郎．2004．机器人控制电子学[M]．宗光华，杨洋，唐伯雁，译．北京：科学出版社．

韩建民．2002．材料成型工艺技术基础[M]．北京：中国铁道出版社．

韩秋实，王红军．2009．机械制造技术基础[M]．北京：机械工业出版社．

何雪明，吴晓光，刘有余．2014．数控技术[M]．3 版．武汉：华中科技大学出版社．

姜江．2003．机械工程材料实验教程[M]．哈尔滨：哈尔滨工业大学出版社．

廖念钊．2008．互换性与测量技术基础[M]．北京：中国计量出版社．

柳秉毅．2011．材料成形工艺基础[M]．北京：高等教育出版社．

卢秉恒．2008．机械制造技术基础[M]．北京：机械工业出版社．

吕景泉，李文．2008．自动化生产线安装与调试[M]．北京：中国铁道出版社．

王隆太，朱灯林，戴国洪，等．2010．机械 CAD/CAM 技术[M]．北京：机械工业出版社．

王天然．2002．机器人[M]．北京：机械工业出版社．

吴正毅．1991．测试技术与测试信号处理[M]．北京：清华大学出版社．

亚龙科技集团有限公司．2011．亚龙 YL-335A 型自动生产线实训考核装备实训指导书．

严绍华．2008．材料成形工艺基础[M]．2 版．北京：清华大学出版社．

张世昌，李旦，张冠伟．2014．机械制造技术基础[M]．3 版．北京：高等教育出版社．

张欣欣，孙艳华．2006．自动检测技术[M]．北京：北京交通大学出版社．

张正贵，牛建平．2014．实用机械工程材料及选用[M]．北京：机械工业出版社．

周生国．2005．机械工程测试技术[M]．北京：北京理工大学出版社．

周兆元，李翔英．2011．互换性与测量技术基础[M]．北京：机械工业出版社．

宗光华．2004．机器人的创意与设计[M]．2 版．北京：北京航空航天大学出版社．

Fischertechnik．操作手册 LLWIN3.0 Fischertechnik．

SL-Automatisierungstechnik Gmb H．Programming System SL-MSM 2101/2102 Operating Instructions [M]．MSM2103 softwareonlinebook．